U0311876

# 全民科普 · 创新中国

# 感受科技最前沿

冯化太◎主编

汕头大学出版社

## 图书在版编目（CIP）数据

感受科技最前沿 / 冯化太主编. -- 汕头：汕头大学出版社，2018.8

ISBN 978-7-5658-3701-2

Ⅰ．①感… Ⅱ．①冯… Ⅲ．①高技术－青少年读物 Ⅳ．①N49

中国版本图书馆CIP数据核字(2018)第163966号

感受科技最前沿　　　　　　　　　GANSHOU KEJI ZUI QIANYAN

主　　编：冯化太

责任编辑：汪艳蕾

责任技编：黄东生

封面设计：大华文苑

出版发行：汕头大学出版社

　　　　　广东省汕头市大学路243号汕头大学校园内　邮政编码：515063

电　　话：0754-82904613

印　　刷：北京一鑫印务有限责任公司

开　　本：690mm×960mm　1/16

印　　张：10

字　　数：126千字

版　　次：2018年8月第1版

印　　次：2018年9月第1次印刷

定　　价：35.80元

ISBN 978-7-5658-3701-2

前言
PREFACE

习近平总书记曾指出："科技创新、科学普及是实现创新发展的两翼，要把科学普及放在与科技创新同等重要的位置。没有全民科学素质普遍提高，就难以建立起宏大的高素质创新大军，难以实现科技成果快速转化。"

科学是人类进步的第一推动力，而科学知识的学习则是实现这一推动的必由之路。特别是科学素质决定着人们的思维和行为方式，既是我国实施创新驱动发展战略的重要基础，也是持续提高我国综合国力和实现中华复兴的必要条件。

党的十九大报告指出，我国经济已由高速增长阶段转向高质量发展阶段。在这一大背景下，提升广大人民群众的科学素质、创新本领尤为重要，需要全社会的共同努力。所以，广大人民群众科学素质的提升不仅仅关乎科技创新和经济发展，更是涉及公民精神文化追求的大问题。

科学普及是实现万众创新的基础，基础更宽广更牢固，创新才能具有无限的美好前景。特别是对广大青少年大力加强科学教育，使他们获得科学思想、科学精神、科学态度以及科学方法的熏陶和培养，让他们热爱科学、崇尚科学，自觉投身科学，实现科技创新的接力和传承，是现在科学普及的当务之急。

近年来，虽然我国广大人民群众的科学素质总体水平大有提高，但发展依然不平衡，与世界发达国家相比差距依然较大，这已经成为制约发展的瓶颈之一。为此，我国制定了《全民科学素质行动计划纲要实施方案（2016—2020年）》，要求广大人民群众具备科学素质的比例要超过10%。所以，在提升人民群众科学素质方面，我们还任重道远。

我国已经进入"两个一百年"奋斗目标的历史交汇期，在全面建设社会主义现代化国家的新征程中，需要科学技术来引航。因此，广大人民群众希望拥有更多的科普作品来传播科学知识、传授科学方法和弘扬科学精神，用以营造浓厚的科学文化气氛，让科学普及和科技创新比翼齐飞。

为此，在有关专家和部门指导下，我们特别编辑了这套科普作品。主要针对广大读者的好奇和探索心理，全面介绍了自然世界存在的各种奥秘未解现象和最新探索发现，以及现代最新科技成果、科技发展等内容，具有很强的科学性、前沿性和可读性，能够启迪思考、增加知识和开阔视野，能够激发广大读者关心自然和热爱科学，以及增强探索发现和开拓创新的精神，是全民科普阅读的良师益友。

# 目 录
## CONTENTS

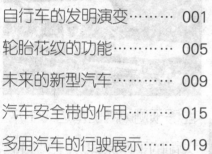

# 自行车的发明演变

古代的人类是用脚来走路的，后来马代替了人的腿脚，但是，大概是因为马爱使性子，还必须喂饲料，很麻烦，所以人们萌发了以机器代替马匹的念头。

1790年，法国人西哈发明了一辆双轮木马，轮子虽然能转，可是仍然要用两只脚轮流蹬地，使木马前进。这个木马可

以说是自行车的雏形。

1817年，德国的德莱斯男爵把木马改良了一下，在前面加上把手，不过仍然得劳累双脚在地上跑。至1839年，苏格兰的铁匠麦米伦在前轮两侧装上了踏板，真正的"脚踏自行车"终于出现了。1888年，英国人邓洛普发明了充气轮胎，使自行车又有了进一步的发展。此后，人们对自行车不断进行改进，终于使它发展成现在的模样。所以，可以说自行车是人类智慧的结晶。

自行车的出现给人们带来了很大的方便。随着社会和科技的发展，现在的自行车变得更加便捷、实用。

水陆两用自行车的前后轮两侧各装有两个自由翻动的泡沫塑料的浮子，在车子的后轮钢丝上装上叶片。在陆上行驶时，浮子向上翻起，和普通自行车一样向前骑行。当遇到河流时，再将前后轮两侧的浮子翻下，车就会浮在水面，只要踩踏脚板，叶片即可驱动自行车前进。

塑料自行车的车把、车叉、轮圈及梁架均由特制塑料制成。塑料自行车具有质地坚固、美观大方、轻便、不易生锈等特点。有的塑料自行车的车体部分可以自由拆卸，当撞坏了的时候，只需要拆掉坏了的部分再更换新的部件即可。

雪上自行车是俄罗斯一位工程师设计的。他从普通自行车上摘下车轮和链条，在前轮换上带滑雪板的竖杆，后轮换上托架。为使滑雪板前进而不向后滑，在滑雪板下面钉一层毛皮。其具有稳定性

好、使用方便、便于携带、成本低廉的特点。

速降自行车也称落山自行车，是一种极具挑战性的活动。速降，就是利用最短的时间以最快的速度从起点下降至终点。骑手常利用特制的速降自行车在山坡上滑翔，甚至坠下山来寻求刺激，这些活动多在山脊、雪地等地带开展。速降是对车手技术和胆量的综合考验。

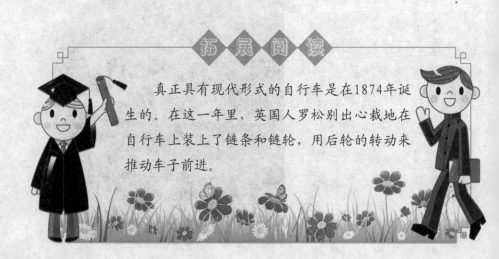

拓展阅读

真正具有现代形式的自行车是在1874年诞生的。在这一年里，英国人罗松别出心裁地在自行车上装上了链条和链轮，用后轮的转动来推动车子前进。

# 轮胎花纹的功能

　　汽车轮胎上的各种花纹并不是起装饰作用的，而是为保障汽车安全行驶专门设计的。如果汽车只在干燥的路上行驶，轮胎上也可以不要花纹，赛车的轮胎就是这样的。可是一遇到雨天，没有花纹的轮胎就很容易打滑，车子开起来摇摇晃晃的，想停的时候根本刹不住车。

　　这是因为在路面和轮胎之间形成了一层薄薄的水膜，使轮胎与路面的摩擦力减小的缘故。如果轮胎上有花纹，就不会发

生这种情况，因为水会从花纹的沟里排出去，轮胎和地面之间形不成水膜，轮胎仍然与地面紧紧地贴在一起，因此不容易打滑。

轮胎上的花纹除了保证车辆在雨天里能安全行驶外，还有一些其他功能。

在城市里行驶的车辆，轮胎的花纹一般都是直线锯齿形的。这种花纹不但能使汽车在柏油路上安全行驶，还能帮助消除汽车开动时的噪声，因此人们把它叫做无声花纹。

在野外行驶的车辆，轮胎上的花纹又深又宽，能紧紧地"啃"住路面，即使是在雪地上行驶，也不容易打滑。

　　轮胎花纹是提高汽车性能，确保行驶安全的重要一环。因此，如何正确选购、安装和使用轮胎花纹就显得非常重要。一般来说，应根据车辆用途及经常使用的路况和车速来选择比较合适的轮胎花纹。

　　轮胎花纹多种多样，但归纳起来，主要有3种：普通花纹、越野花纹和混合花纹。

　　普通花纹适合在比较清洁、良好的硬路面上行驶。例如，轿车、轻型和微型货车等多选择这种花纹。越野花纹接地面积比较小。在松软路面上行驶时，一部分土壤将嵌入花纹沟槽之中，必须将嵌入花纹沟槽的这一部分土壤剪切之后，轮胎才有可能出现打滑，因此，越野花纹的抓着力大。

混合花纹是普通花纹和越野花纹之间的一种过渡性花纹。它的特点是胎面中部具有方向各异或以纵向为主的窄花纹沟槽，而在两侧则以方向各异或以横向为主的宽花纹沟槽。这样的花纹搭配使混合花纹的综合性能好，适应能力强。它既适应于良好的硬路面，也适应于碎石路面、雪泥路面和松软路面。

拓展阅读

1649年，德国的一位技艺精湛的钟表匠，试制成功了世界上第一辆不用马牵引的车子。只要给它上足发条，它就可以自动向前走。1989年，美国农业工人福特研制出第一部真正的小汽车并正式开办了福特汽车公司。

# 未来的新型汽车

燃料电池汽车是用燃料电池代替蓄电池产生电能，从而供电给车上的电动机使其运转。燃料电池与蓄电池不同，必须从电池外部源源不断地向电池提供燃料。燃料一般用天然气、甲烷、煤气等含氢化合物。

氢汽车是一种节能环保汽车。氢是一种化学元素，它在燃烧时能放出大量的热。美国早在1976年就进行了一次氢汽车行驶试验，那辆氢汽车的行驶速度为每小时80千米，每次充10分

钟的氢气，能行驶121千米。

　　太阳能汽车是利用太阳光照在太阳能电池上，太阳能电池将太阳的光能转换成电能，电能驱动汽车上的电动机。

　　从这种意义上讲，太阳能汽车实际上是电动汽车，但和电动汽车有所不同的是：蓄电池靠电网充电，太阳能汽车用的是太阳能电池。

　　风力汽车也属于一种环保汽车。它是一种完全以风力作为动力的新型汽车，这种风力汽车是由美国工程师戴维·伯恩斯设计发明的。该车设计新颖、构思巧妙、轻便灵活，是绿色汽车家庭中的一朵奇葩。

会飞的汽车车身和一般汽车相似，但是车门的部分多了两个可折叠的翅膀。在陆地行驶的时候，翅膀折叠，如果想飞行的时候，翅膀就会张开。汽车如同变形金刚一样，在很短的时间内变成一架小型飞机。

水陆空多用汽车是一种神奇的汽车，它是汽车家族中的新成员。它既可以和普通的汽车一样在陆地上行驶，也可以伸出翅膀在天空中飞行，还可以像船一样在水上航行，如果潜入水底，它还能像潜水艇一样在水下航行。

智能汽车是指用智能卡启动汽车，接着打开电脑控制的语言导航系统，只需将你现在的位置及要去的街道或商厦或具有

显著标志建筑物的名称对电脑说一下，电脑立刻告诉你正确的
行驶方向和路线。在你按下电脑上的确
认键之后，电脑就会指示着你
行车上路，这就是会说话
的汽车。

　　通常，只有飞
机或火箭的速度
才能达到或超过
音速。

　　美国火箭专家
彼尔·弗雷德里克研制成功一
种火箭汽车，它的速度可达331.1米每秒，成为世界
上第一辆超音速汽车。这辆超音速汽车采用火箭驱动。汽车点
火开动后，速度瞬间可超过音速。

拓展阅读

　　　　21世纪可能出现超导汽车。超导汽车的超
导电力贮存装置能像电池一样进行充电。但
是，还必须解决一系列技术问题，例如受线圈
产生的磁场影响使临界电流密度降低，在电力
贮存装置内产生的电磁力对应等。

# 汽车安全带的作用

我们都有这样的体会：当我们骑自行车时要停下来，刹住闸身体还会向前冲去，如果速度过快，刹车过猛，还有可能会摔下来，这种现象叫做惯性作用。

行驶的汽车在司机刹车后不能立刻停下来，也是这个原因，行驶的汽车其实是在把自己的重量向前推，司机刹车是想使轮子停止转动，从而使汽车停下来，然而这时汽车向前运动

的惯性没有消失，所以汽车必须行驶一段距离才能停下。

　　而且，汽车跑得越快停下来需要的时间就越长。如果汽车以大约每小时20千米的低速行驶，需要9米长的距离就能够停下来。如果汽车以大约每小时40千米的普通速度行驶的话，需要22米长的距离才能够停下来。如果一辆以时速100千米在高速公路上疾驶的汽车要想停下来的话，则需要100米的距离才能够完全停下来。

　　随着人类社会的不断进步，道路交通越来越发达，汽车的速度也越来越快。在这种情况下，交通安全就变得更加重要。汽车在紧急刹车或急转弯时，乘车者会在惯性的作用下，不由自主地前倾或向左右倾斜。这时，安全带的重要作用就显示出来了，它能防止乘车者向前撞到挡风玻璃，也能避免乘车者因左右碰撞而受伤。据资料统计，在各种汽车碰撞事故中，使用安全带可使60％的乘员免于死伤。特别是小汽车由于重量轻，它和大型汽车相撞时，乘员死伤的可能性非常大，因而在小汽车上更要系好安全带。

汽车安全带的佩带方式一般为从肩至腰，这样可以拦住整个身体的前倾。它具有一定的伸缩范围，适合各种体型的人使用，不会使你感到很强的压迫感。在现代汽车设计中，安全带的质量已经成为评价汽车安全性的一个重要方面。

安全带作为汽车发生碰撞过程中保护驾乘

人员的基本防护装置，它的诞生早于汽车。早在1885年，安全带出现并使用在马车上，目的是防止乘客从马车上摔下去。

1902年5月20日，在纽约举行的汽车竞赛场上，一名赛车手用几条皮带将自己和同伴拴在座位上。竞赛时，他们驾驶的汽车因意外冲入观众群，造成两人丧生，数十人受伤，而这两名赛车手却由于皮带的缘故死里逃生。这几条皮带也就成为汽车安全带的雏形，它们在汽车上首次使用，便挽救了驾车者的生命。

拓展阅读

自安全带面世以来，已经有长达1000万千米的安全带，被装进全世界超过10亿辆汽车内，其长度足以围绕地球赤道250圈，或是往返月球13次之多。然而，更重要的是无数生命因此而获救。三点式安全带被证明是有效的单一汽车安全设备。

# 多用汽车的行驶展示

　　水路空多用变形汽车是一种既能折叠成轿车在公路上行驶，又能展开成飞机或直升机在空中飞行，还能半折叠成船艇在水中航行的多用途变形汽车。

　　在公路上行驶时，能像跑车一样快捷方便；在陆路既能滑行起降，又能垂直起降；在空中既能像直升机一样垂直升降、

悬停、前进或倒退，又能像飞机一样高速、远程飞行，还能由直升机过渡到飞机或由飞机过渡到直升机。

在水中既能像快艇一样行驶于水面，又能像潜艇一样低速潜行于水中，也能在水面实现同陆路一样的起降方式。

水路空多用变形汽车采用液氢和氢燃料电池作为能源，实现了零碳排放。它还以燃氢涡扇发动机和轮装无刷电动机为动力，从而使功率更强大，还减少了空气污染。

水路空多用变形汽车的工作模式是从发动机到电动机，再到联动等三种不同模式。不仅实现了大动力，而且还有噪音和

小动力无噪音及节能低噪音三种动力方式，真正实现了方便、快捷、节能、环保的实用效果。

另处，水路空多用变形汽车采用高强度碳素纤维复合材料，特种塑型工艺制成。它是人类交通方式由单一模式向水陆空多用途发展的方向，是未来高科技的理想交通工具。水路空多用变形汽车用于民用能够改善人们的生产、生活质量，提高工作效率；用于抢险救灾能够快速到达现场，减少灾害损失；用于军事能够增强部队的机动性，提高作战能力，是一种用途广泛，前景广阔的实用新型交通工具。

当人们普遍使用飞行汽车以后，这种水陆空多用汽车也该问世了。有人提出疑问：将来在城市的地面、天空，水中汽车飞来飞去、飞上飞下，会不会造成交通混乱的局面，交通警察又怎样来指挥、控制这些能飞会跑的多功能汽车呢？

这种担心是多余的，在21世纪中期的时候有先进的智能交通管理系统来代替交通警察，在卫星和电脑的支配下自动进行交通指挥，绝对不会发生任何问题。

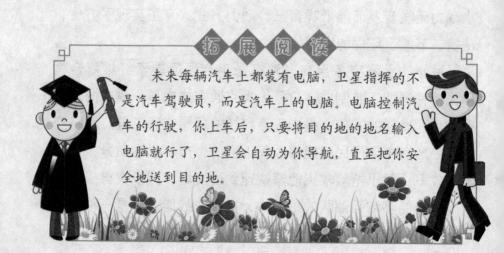

**拓展阅读**

未来每辆汽车上都装有电脑，卫星指挥的不是汽车驾驶员，而是汽车上的电脑。电脑控制汽车的行驶，你上车后，只要将目的地的地名输入电脑就行了，卫星会自动为你导航，直至把你安全地送到目的地。

# 无人驾驶汽车

　　无人驾驶汽车是一种智能汽车，也可以称之为轮式移动机器人，主要依靠车内的以计算机系统为主的智能驾驶仪来实现无人驾驶。

　　从20世纪70年代开始，美国、英国、德国等发达国家开始

进行无人驾驶汽车的研究，在可行性和实用性方面都取得了突破性的进展。

早在20世纪80年代就有了无人驾驶的汽车。它用两台电视摄像机作为"眼睛"，安装在汽车大灯的上面与下面。

它用一台电子计算机作为"大脑"，安装在司机座位旁边，由它完成图像识别，认清道路和环境，并且进行路线规划，计算出如何去控制驱动系统。还有自动控制系统，它的任务是完成司机的手脚驾车动作，控制方向盘，进行刹车等。

这种无人驾驶车辆行驶速度是每小时20千米，能自动靠道路一侧行驶。如果遇有障碍

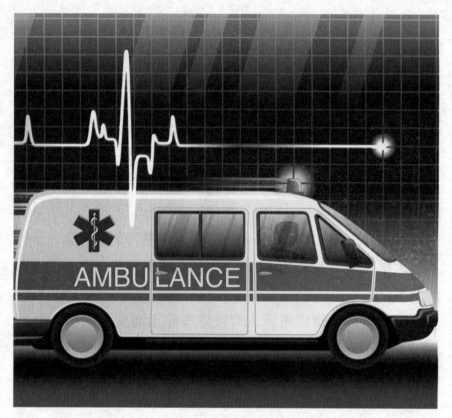

物，它能向另一侧绕过去，然后再回到这一侧边行驶；若是障碍物把道路堵塞了，它还能自动停下来。

现在德国戴姆勒汽车公司，即奔驰汽车公司正在试验一种汽车自动驾驶系统。其中，一辆"维塔牌"汽车已无人驾驶达10000千米。但是，无人驾驶汽车还要经过较长时间的发展，并克服不少技术难题，才能获得实际应用。

为了节省燃料，为了让高速公路上能通过更多的车辆，为了汽车安全行驶，而且能很快到达目的地，国外有人设想出一种用电脑控制的汽车，可以结队行驶，不用人驾驶。

车上装有自动防撞装置，当车辆接近运动或静止目标时，防撞装置就会发出警告，甚至自动停车或避让。

高速行驶的汽车防碰撞是至关重要的。当汽车以近100千米每小时的速度行驶时，若发现前方60米处有障碍物，在1秒钟内必须紧急制动，否则就会有碰撞的危险。

一般来说，普通车灯的能见度为60米，也就是说，安装普通车灯的汽车，夜间行车速度如果超过100千米每小时，司机用肉眼观察到障碍物，已经不能保证安全行车了。

我国从20世纪80年代开始进行无人驾驶汽车的研究，国防科技大学在1992年成功研制出我国第一辆真正意义上的无人驾驶汽车。

2005年，首辆城市无人驾驶汽车在上海交通大学研制成功，并在2010年世界博览会上一展身手。游客在公园入口处只需按下按钮，汽车就会从远处开过来缓缓停下，然后搭载着乘客前往他们想去的景点。

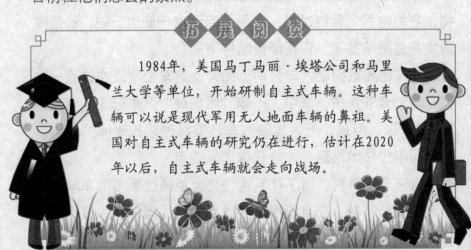

拓展阅读

1984年，美国马丁马丽·埃塔公司和马里兰大学等单位，开始研制自主式车辆。这种车辆可以说是现代军用无人地面车辆的鼻祖。美国对自主式车辆的研究仍在进行，估计在2020年以后，自主式车辆就会走向战场。

# 水陆两用汽车

　　水陆两用车又名水陆两栖车、水陆两栖船、水陆两用船、水陆两用艇。它是结合了车与船的双重性能，既可像汽车一样在陆地上行驶穿梭，又可像船一样在水上泛水浮渡的特种车辆。

　　由于其具备卓越的水陆通行性能，可从行进中渡江河湖海而不受桥或船的限制，因而在交通运输上具有其特殊的意义。

　　水陆两用车的发展可追述上百年的历史，有资料记载上的第一辆水陆两栖车由一位美国人于1805年发明。为了能在水中行驶，这位美国人在车上装了轴和桨轮，用发动机飞轮轴的皮带和皮带轮来驱动桨轮。

　　当这辆两栖车一到水中，车尾的桨轮开始工作。更准确的描述，这应该是一辆使用蒸汽动力的装有轮子的船，从结构和使用上判断这个发明是一辆能在水中行走的车。

　　跨世纪的水陆两用汽车是由美国研制的，它在公路上的行驶速度是每小时220多千米，在海面上航行的速度为每小时140多千米。这种水陆两用汽车采用了200多项高新技术，其中有86项是最新科技发明，堪称"跨世纪"的两用交通工具。

这辆车上所有的零部件，全由电脑控制，只要其中任何一个零部件出现了问题，不管驾驶员是否意识到，电脑都会"拒绝"启动，并在显示屏上显示出了问题的部件，工作人员维修起来非常方便。这辆水陆两用汽车还装有世界上最先进的全球卫星导航定位系统，汽车驶入海洋后，驾驶人员只要将乘客要去的地点输入到电脑里，就可以高枕无忧了。

汽车的航行及操作都由卫星导航系统发出指令，车内电脑自动控制驾驶。途中若遇到障碍时，车上安装的红外线监测、声呐以及超声波探测仪就会立即报警，卫星导航系统会指挥汽车自动避开。跨世纪的水陆两用汽车的底部安装有超感应传

感器，就像汽车的眼睛一样，可以探测到汽车是否需要更换车轮。在海上航行时，采用400马力的喷射引擎推进，航行速度超过了快艇。在行驶中，车内不会积水，因为一旦有海浪涌入车内，传感器会立即向电脑发出信息，电脑会指令抽水设备将车内的水迅速抽出。

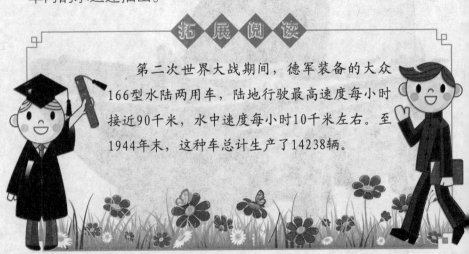

拓 展 阅 读

第二次世界大战期间，德军装备的大众166型水陆两用车，陆地行驶最高速度每小时接近90千米，水中速度每小时10千米左右。至1944年末，这种车总计生产了14238辆。

# 改进火车刹车装置的人

19世纪初，以蒸汽为动力的火车出现了。1829年，举行的一次"火车竞赛"中，斯蒂芬森驾驶着满载的"火箭号"机车，以时速56千米创造了陆地第一个车辆奔跑速度记录。此后，呼啸的火车开始奔驰在美国和欧洲大陆，形成了铁路交通运输业蓬勃发展的新时期。

但是，这种火车还不够完善。致命的缺点是刹车不灵，经常发生运行事故。因此在当时，人们认为火车也是一种不安全的交通工具，并将它戏称为"踏着轮子的混世魔王"。

　　当时的火车刹车装置十分原始，最初仅仅装在车头上，完全凭司机的体力扳动闸把来刹车，很难使沉重的列车迅速停下来。

　　后来改进为每节车厢上都安装一个单独的机械制动闸，配备一个专门的制动员，遇有情况，由司机发出信号，各个制动员再狠命按下闸把。这样虽然稍好一些，但仍然不能迅速地刹住列车。因此，发明一种灵敏有效的火车刹车装置，已成了铁路运行的大问题。

　　很多人都曾致力于改进火车刹车装置的研究，但谁也没想到，最终获得成功的却是一位贫困的美国年轻人——威斯汀豪斯，他发明了一种灵敏可靠的空气制动闸，给火车这匹巨大不羁的"铁马",系上了"缰绳",在铁路安全运输史上竖立了一个值得纪念的里程碑。

威斯汀豪斯发明新型火车空气闸的念头,是由一次偶然的事件激发起来的。

他在一次旅行中,恰好赶上了因火车刹车不灵造成的严重撞车事故。目睹了一场车毁人亡的惨剧。他当时就下定决心,要发明一种有效的制动闸,来避免交通事故的发生,保障铁路运输的安全。

他首先想到了蒸汽。既然列车是蒸汽推动的,为什么不能用蒸汽来制动呢?他设计了一套装置,用管路把锅炉和各个车厢连接起来,试图用蒸汽来推动汽缸活塞,从而压紧闸瓦,达到刹车的目的。

基于这个想法,威斯汀豪斯终于制成了新型的空气闸。其

原理并不复杂，只要增加一台由机车带动的空气压缩机，通过管道将压缩空气送往各个车厢的汽缸就行了。刹车时，只要一打开阀门，压缩空气就会推动各车厢的汽缸活塞，将闸瓦压紧，使列车迅速停下来。

拓 展 阅 读

盘形制动是在车轴上或在车轮辐板侧面安装制动盘，用制动夹钳使以合成材料制成的两个闸片紧压制动盘侧面，通过摩擦产生制动力，使列车停止前进。盘形制动比较平稳，几乎没有噪声。

# 火车的轨道

现在我们所看到的火车轨道都是用钢铁做成的，但是最初的轨道并不是钢铁的，而是用一块块石头砌成的，后来又出现了在英国煤矿十分常见的木头做成的轨道，当然，那时候在上面行驶的并不是火车，而是马车。

至1712年，英国工程师纽可门发明了蒸汽机车，使矿石的产量大大提高，钢铁的产量也随之上升，所以出现了用普

通钢铁板铺设的铁路。

后来，为了防止车轮出轨，采用了"L"形铸铁轨。至18世纪中叶，车轮内缘出现一圈突出的边，取代了铁轨上的附加边，接着又经过了很多年的改进，铁路才变成现在这样。

火车的车身和车轮都是钢铁做成的，拉的货物和乘客又很多，所以每节车厢都很重。它如果在普通的柏油路上跑，就会陷到地里去，一步也走不了。就算能走起来，由于火车又长又重，惯性大，不能说停就立刻停下来，也是很危险的。因此，火车只有在铁轨上才能跑。铁轨上没有其他车辆或行人，这样才能跑得又快又安全。为了不使火车从铁轨上掉下来，人们在车轮的内侧安装了一个比车轮大一圈的边，使车轮边缘恰好被两根铁轨内侧挡住，而不易从铁轨上脱落。

另外，要想在转弯时不使车轮从铁轮上脱落，就要使转弯

处的铁轨比内侧的高一些。如果转弯处的外侧铁轨不比内侧铁轨稍高一些，外侧车轮就会从铁轨上抬起来，火车就有可能从铁轨上掉下来。

　　现在有一种铁路公路两用车，这种列车除了具有能在铁轨运行的钢制车轮外，还装有在公路上使用的橡胶轮胎。当需要在公路上运行时，橡胶车轮降下，钢制车轮收起。两用列车可以把货物直接运送到不通火车的目的地，不需要中途转运，因

此大大方便了货物运输。现在科学家正在研制一种水下列车，这种列车像一艘潜艇一样，一头扎进浩瀚的海洋，列车中的旅客顿时静下来，几分钟后惊魂未定的旅客发现自己到了奇妙的水下世界。各种美丽的游鱼从车窗边闪过，巨大的珊瑚礁不时地出现在人们眼前，这些都能在未来的水下列车中看到。

**拓展阅读**

1814年，英国发明家史蒂芬孙发明了火车，并改进了铁轨使它能承受更大的压力，他本人被尊称为"铁路之父"。世界上第一条货客运铁路是从斯多克敦出发到达达林敦的。

# 火车转弯的诀窍

　　我们都知道火车是在铁轨上行驶的，那么，火车为什么要在铁轨上行驶呢？

　　我们知道，火车的车身和车轮都是用钢铁做成的，一列火车常常挂着10多节车厢，上面还载有很多旅客和沉重的货物，所以整列火车是相当重的。

如果一列火车在柏油马路上奔跑，它不仅能把路面压碎，还会陷到地下去，就算火车能跑起来，由于惯性大，不能说停就停，再加上路面上不断有行人和车辆出现，那该有多危险呀！

为火车铺设铁轨，不但可以把火车的重量分散到路基上，还可以引导火车前进的方向。而且，火车的车轮和铁轨都是钢制的，它们的接触面积小，这样能够使摩擦力大大减小，从而能提高火车的行驶速度。因此火车要在铁轨上行驶。

你是否还要问，为什么铁轨下面要铺设石头呢？原来，铁轨和枕木会长时间受到火车重量的压力，碎石头在下面就好像一个床垫，可以对铁轨下陷起到缓冲作用，将铁轨的磨损减到最小。另外，当火车高速通过铁轨时，会产生噪音和高热，碎

石头还能起到吸收噪音和热量的作用。

我们使用交通工具在道路上行驶避免不了转弯的情况。汽车转弯时转动方向盘即可，而火车没有方向盘，那么，它是怎么实现转弯的呢？

我们已经知道，火车一直是沿着轨道行驶的，因为火车的车轮一直受铁轨控制。火车的轮子不同于其他车轮，它的最外面一圈叫轮箍，是用一种特殊钢材制成的。

轮箍上有一圈高出的部分叫做轮缘，火车车轮的轮缘自始至终都是嵌在两条平行钢轨内侧的。

火车驶到弯道时，惯性使弯道外侧车轮的轮箍紧贴钢轨，这时，外侧的钢轨给轮缘一种侧压力即向心力，从而使车轮沿着钢轨走。

　　而且，火车车轮的轮箍与钢轨的接触面上有一个斜度，这个斜度能够帮助火车在进入弯道时，同一轮子上的不同部分同时走过弯道内、外两侧的钢轨，所以就使同一车轴上的两个车轮顺利通过了弯道。

　　当然，火车在直道上的行驶是不存在问题的，所以，借助于轮箍，火车能在铁路上高速平稳地前进。

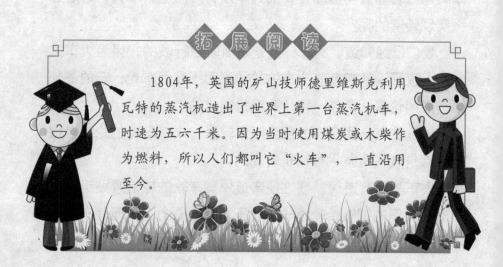

拓 展 阅 读

　　1804年，英国的矿山技师德里维斯克利用瓦特的蒸汽机造出了世界上第一台蒸汽机车，时速为五六千米。因为当时使用煤炭或木柴作为燃料，所以人们都叫它"火车"，一直沿用至今。

# 不配降落伞的客机

　　我们都知道，降落伞能够挽救人的生命，可是在乘坐民航客机的时候，你也许会发现飞机上没有配备降落伞，无论乘客还是机组人员都没有，这是为什么呢？

原来，跳伞虽然是一种非常好的逃生手段，但跳伞却是需要经过严格训练的。如果客机为乘客准备降落伞，那么当飞机稍有机械故障，哪怕只是机身有一点点晃动，就会导致有些不明真相的乘客要跳伞，这样就会造成其他乘客的恐慌而随之纷纷跳伞。

对于没有经过跳伞训练的人来说，跳伞是很危险的。在不明飞行高度、速度，也搞不清下方地形的情况下匆忙跳伞，势必造成不必要的伤亡。其实飞机的小晃动或机械故障很可能是正常或可以排除的，这样一跳伞反而会自乱阵脚，造成不必要的伤亡事故。除此之外，为了使乘客感觉更舒适，飞机上保持了与地面相同的大气压，这样机内

的气压就要大于机外高空的大气压。因此在空中，客舱的门是根本打不开的，乘客也无法跳伞。

知道了客机上为什么没有降落伞，你是否还想知道客机是什么时候出现的呢？专门设计的客机出现于1919年，是英国最早制造的一架DH-16单发动机客机。在后来的螺旋桨客机中，美国研制的DC-3曾被认为是最出色的。

20世纪50年代，喷气式客机的出现，是民用航空技术的重大发展。客机巡航速度在每小时800千米以上，飞行高度在万米以上。代表性的客机有英国的"彗星"Ⅳ、苏联的图-104、美国的波音707和DC-8。

20世纪60年代初出现的中、短程客机采用了耗油率较低的涡轮风扇发动机，机翼有高效率的增升装置，缩短了起降滑跑距离。代表性的飞机有美国的波音727、波音737、DC-9，英国的"三叉戟"等。

20世纪70年代出现的宽机身客机大大提高了载客能力，由以前客机的100人至150人增加到 350人至500人。代表性的机型有美国的波音747、DC-10、L-1011，欧洲的A-310和苏联的伊尔86。

20世纪80年代初研制的中程客机的特点是省油、低噪声和机载设备先进。代表性机型有美国的波音757、波音767，欧洲的A-310等。现在乘坐飞机的人越来越多，未来的客机也会朝高速化和巨型化的方向发展。

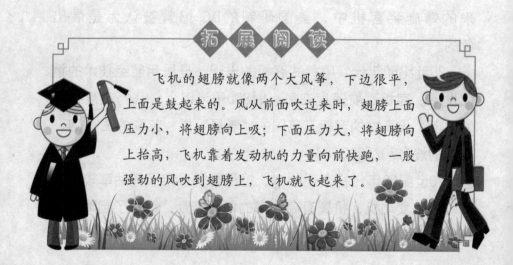

**拓展阅读**

飞机的翅膀就像两个大风筝，下边很平，上面是鼓起来的。风从前面吹过来时，翅膀上面压力小，将翅膀向上吸；下面压力大，将翅膀向上抬高，飞机靠着发动机的力量向前快跑，一股强劲的风吹到翅膀上，飞机就飞起来了。

# 隐形飞机的功能

　　隐形对于一般人来说都不陌生，虽然这些说法大多来自小说和神话，但是在现实中也不乏隐形的例子。比如变色龙就能通过改变自己的颜色来进行隐形。

　　人们通过研究仿生学，并且应用了最新的技术和材料，终于在庞大的飞机上也实现了隐形。

　　隐形战机被形象地喻为"空中幽灵"，它们行踪诡秘，能

有效地躲避雷达跟踪。这多亏有了能吸收雷达波的隐形材料，才使隐形战机能轻而易举地从雷达眼皮底下逃之夭夭。

　　隐形飞机的隐形并不是让我们的肉眼看不到，它的目的是让雷达无法侦察到飞机的存在。用雷达寻找飞机有点和黑夜里用手电筒找人差不多，这个人如果想要不被找到，有三个方法：第一，穿上反射光波能力较差的衣服，比如粗糙的黑布衣服；第二，把身体变成透明的；第三，他可以躲在一面和地面呈一定角度的大镜子后面，用镜子把手电筒的光反射到出去，拿手电筒的人就看不到了。

　　飞机要躲避雷达的探测，也主要有三种方法：第一，采用反射雷达波较少的材料涂在飞机的表面上；第二，可以采用对雷达波"透明"的材料。不过飞机的发动机和电子设备不可能用透波材料制作，所以在隐形飞机上透波材料只能用在个别的部位；第三种是躲在"倾斜的镜子"下面，飞机通过特定的外形设计，可以让多数雷达波反射不到雷达接收机的位置。

　　隐形飞机为什么不容易被发现呢？就是因为飞机的机体设计及表面烤漆的原因。一般隐形飞机的机体设计，都会尽量地让飞机发动机藏于机身较弯曲的进气道内，而不像一般的飞机进气道都是从头通到底的，因为这样可以减少雷达反射截面，使能够反射雷达的地方少之又少。

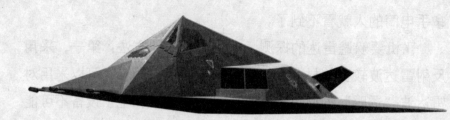

　　飞机表面的烤漆并非是一般的烤漆，而是一种含有金属粉以及一些胶质原料所制成的漆，这些漆的作用在于它可以将雷达波吸收掉，而不会反射掉，但是这种漆料有一个缺点，就是相当容易氧化，所以这种飞机需要在控湿的条件下存放。

　　隐形飞机在现代战争中发挥着重要的作用。例如，在1991年的海湾战争中，美军派出了42架F-117A隐形战斗机，出动1300余架次，投弹约2000吨，攻击了40%的重要战略目标，自身没有受到任何损失。

　　随着新材料的不断发现和科技的发展，隐形飞机的隐形能力会越来越强，在未来战争中的作用也会更加突出。

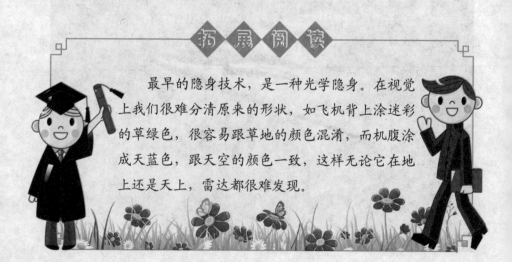

拓展阅读

　　最早的隐身技术，是一种光学隐身。在视觉上我们很难分清原来的形状，如飞机背上涂迷彩的草绿色，很容易跟草地的颜色混淆，而机腹涂成天蓝色，跟天空的颜色一致，这样无论它在地上还是天上，雷达都很难发现。

# 直升机的飞升

　　直升机是一种由一个或多个水平旋转的旋翼提供向上升力和推进力而飞行的航空器。

　　直升机具有垂直升降、悬停、小速度向前或向后飞行的特点，这些特点使得直升机在很多场合大显身手。

　　不过，直升机与飞机相比，它的缺点是：振动大，噪声高；维护检修工作量大，使用成本较高；速度低，航程短，耗

油量高。

　　我国公元前就广泛流传的玩具竹蜻蜓是直升机旋翼的起源。直至18世纪，竹蜻蜓传入欧美，启发了欧美人利用旋翼使航空器升空的设想。

　　直升机的雏形是俄国著名科学家罗蒙诺索夫，在1754年制的一个钟表机械发动装置，但这架"直升机"只有观赏价值。

　　20世纪初，法国工程师保罗·科尔尼才使真正的直升机飞上了天。科尔尼本人也作为"直升机之父"被载入了史册。

　　那么直升机是怎样飞起来的呢？

　　原来，直升机共有两个螺旋桨。直升机的头顶上的一个比较大，叫机翼，它不停地旋转使空气产生一种向上的浮力，就将飞机直送上天了。

直升机尾部的一个螺旋桨较小，用来改变直升机的飞行方向。在这两个螺旋桨的配合下，直升机就可以在空中自由自在地飞行了，并且还能在空中一动不动地停在那里，这就使它能够完成很多其他飞机所无法胜任的工作。

另外，直升机的尾翼还能防止直升机在空中打转。那是因为旋翼在旋转时会给飞机一个与旋转方向相反的力，垂直的尾旋翼可以产生一个与这个偏向力相反的力，这样就把旋翼产生的相反的力给抵消了，直升机也就不会在空中打转了。

直升机升空后发动机是保持在一个相对稳定的转速下，控制直升机的上升和下降是通过调整旋翼的总距来得到不同的总升力的，因此直升机实现了垂直起飞及降落。

直升机的最大时速可达每小时300千米以上，它最突出特点是可以做低空、低速和机头方向不变的机动飞行，特别是可在小面积场地垂直起降。还有直升机的适应性强，随处可以起落，灵活性大，可随时改变飞行方向。

因为这些优势，它常被用于地质勘探、防火护林、野外救护等各项作业中。

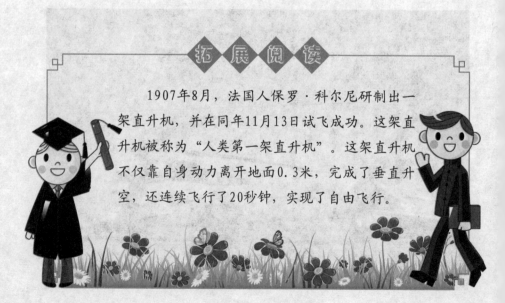

拓展阅读

1907年8月，法国人保罗·科尔尼研制出一架直升机，并在同年11月13日试飞成功。这架直升机被称为"人类第一架直升机"。这架直升机不仅靠自身动力离开地面0.3米，完成了垂直升空，还连续飞行了20秒钟，实现了自由飞行。

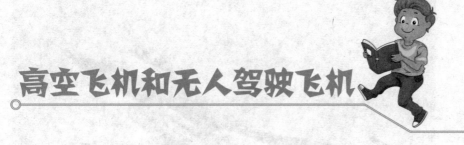

# 高空飞机和无人驾驶飞机

　　传统的军用飞机和民航客机，通常是飞得越高越好。军用战斗机在空战时，如果比敌机飞得高，就可以居高临下攻击敌机。

　　轰炸机和侦察机在飞行过程中，飞得越高就越有利于避开敌机的攻击和地面炮火的拦截。

　　在高空飞行，空气阻力小，气流比较稳定，旅客坐在飞机里可以少颠簸，因此，民航客机也飞得较高。但是，由于现代

防空技术的发展，高空飞行的飞机却因为容易被雷达发现而常被敌方击落。于是，可以进行低空飞行的军用飞机，如低空轰炸机、低空侦察机就应运而生。

那么，高空飞行的飞机为什么容易被雷达发现呢？这是因为雷达电波的特性是只会直线传播，不会拐弯。由于地球表面是球面状的，因此低空飞行的飞机，在一定距离以外就不会被雷达波搜索到，从而保证了飞机可以顺利到达指定目标完成任务，避免被对方击落。

现在各国为了减少驾驶员的生命危险，在飞机使用时减少人员伤亡，研制出无人驾驶飞机。目前美国的无人驾驶侦察机本身也已经具有了自我保护的功能。

无人驾驶飞机与有人驾驶飞机相比，无人驾驶飞机质量轻、尺寸小，而且成本低、机动性高、隐蔽性好，可以完成许多危险任务。

　　也许你会问，既然无人驾驶，飞机为什么能在空中飞行呢？原来，无人机并非没有控制系统。它是由人在地面上通过遥控装置对无人机进行飞行操作的。在飞行中，程序控制装置会自动输出信号，控制无人机按预定程序进行飞行。飞行的高度、方向人都可以自由掌控。机上装有摄像机，地面遥控的人可随时掌握飞机的飞行情况。

　　随着社会的进步，无人驾驶飞机的应用领域越来越广泛。在军事上，无人驾驶飞机以其准确、高效和灵便的侦察、干扰、欺骗、搜索、校射及在非正规条件下作战等多种作战能

力，发挥着显著的作用；在国民经济方面，可用于大地测量、气象预测、城市环境监测、地球资源勘探、森林防火和人工降雨等；在科学研究上，可用于大气取样、新技术研究验证等。可见，无人驾驶飞机是人类的好帮手。

拓 展 阅 读

雷达的概念形成于20世纪初，雷达是指无线电检测和测距的电子设备。雷达包括：发射机、发射天线、接收机、接收天线、处理部分以及显示器，还有电源设备、数据储存设备、抗干扰设备等辅助设备。

# 超轻型飞机的命名

超轻型飞机属于轻小型飞行器中的一种。这种飞机除了体积比大飞机小，重量比大飞机轻外，其他结构同大飞机类似。

超轻型飞机中的各型号飞机都具有重量轻、机翼面积大、空中滑翔性能好、飞行平稳、飞行速度低的特点。此外，它的运输和维护比较方便，可以称得上是一种易普及推广的大众航空器。

超轻型飞机在低空飞行较安全、可靠，可以保持距地面5米的高度飞行。超轻型飞机的起落对机场要求不高，它的起落滑跑距离只需几十米至几百米，只要有一块较平的地面就可以起降。

超轻型飞机的用途很广，可以用于航空体育、航空摄影、探矿、护林、播种、喷洒农药、资源调查、商业活动、城镇规划等活动。西安飞机制造公司制造的"小鹰100"超轻型飞机，北京航空航天大学研制的"极限Ⅱ"型超轻型飞机，都是性能不错的国产飞机。

一架超轻型飞机的空机重量只有两三百千克，大多是由铝合金和尼龙布、轻木、硬泡沫等材料构成，再装上一台几十马力的小发动机就能飞行。

这类飞机多数为无座舱或半座舱式，有简单的飞行仪表和发动机仪表组成。由于飞机重量轻、体积小、结构简单，使许多业余爱好者，能够在家庭完成制造和装配。

超轻型飞机的飞行速度，一般为每小时50至100千米。最大速度不超过每小时100千米。

那么轻型飞机是什么样子呢？轻型飞机一般是指最大起飞重量小于5700千克的飞机，目前全世界共有40多万架。

由于轻型飞机具有轻便、安全、使用要求低、能在草地起降、易于操作、价格低廉等特点，在国外被广泛用于私人飞行、公务飞行、商业运输、空中游览、飞行训练、航空俱乐部、地质勘探、航空摄影、紧急救护、播种施肥、森林和渔业巡逻、灭火和探矿等。

近十多年来，用于商务通勤、公务飞行的轻型飞机越来越多，仅美国政府就有近30000架。至于一些农场主、企业巨头、商业富豪，拥有私家飞机早已不是什么稀罕事。比如，美国约翰逊父子公司的第四代传人萨姆·约翰逊，已有50多年的驾龄，作为全球公司的老板，轻型飞机给他的工作带来了便利和效率。

**拓展阅读**

原始的降落伞是意大利画家达·芬奇在1519年设计的，但当时没有飞机，降落伞没有使用价值。1777年，法国人蒙高尔制造了世界上第一个半球形降落伞。20世纪初，美国飞行员发明了折叠放入伞包的丝绸降落伞，一直沿用至今

# 价格昂贵的预警飞机

　　世界上最昂贵的飞机是什么？你也许想不到，是预警飞机，也叫预警机。预警飞机是一种什么飞机？为什么它特别贵呢？

　　预警飞机又称空中指挥预警飞机，是为了克服雷达受到地球曲度限制的低高度目标搜索距离，同时减轻地形的干扰，将整套远程警戒雷达系统放置在飞机上，用于搜索、监视空中或海上目标，指挥并可引导飞机执行作战任务的飞机。

　　大多数预警机有一个显著的特征，就是机背上背有一个大"蘑菇"，那是预警雷达的天线罩。

　　预警飞机是集预警、指挥、控制、通信等多种功能于一体的综合信息系统，是现代战争中的重要装备。世界上第一种预警飞机是美国海军1958年装备的E1B航载预警飞机。

　　20世纪40年代，英国开始将雷达装到飞机上，它居高临下，再也没有看不到的"盲区"了。用雷达在飞机上进行侦察，可以在很大范围内探测到敌机。这样就出现了可以在敌方飞机出发前，就能察觉敌情的侦察机，即带雷达的侦察机，这种侦察机后来就叫"预警机"。

　　20世纪60年代中期，新一代预警机E-3A出现了。这是美国用波音707客机改装而成的，外号"望楼"。它航速每小时近1000千米，升限为12000米，续航时间为15小时，航程为12000千米。它在900米高度时，可探测到600千米远，可跟踪600个目标，指挥100架飞机作战，探测面积达50万平方千米。

正是预警机的这种超强的预警能力，使其成为世界上最昂贵的飞机。在历次局部战争中，预警飞机都起到了重要作用。例如，在中东战争中，以色列空军飞机出动前，派E-2C预警飞机监视敌机行动，指挥以机作战；在1991年的海湾战争中，每次空袭都有预警飞机先行，引导多国部队的飞机对伊拉克目标进行空袭。相反，在1982年5月的英阿马岛海战中，英国没有派预警飞机参战，结果多艘英舰被阿根廷飞机击沉或击伤。

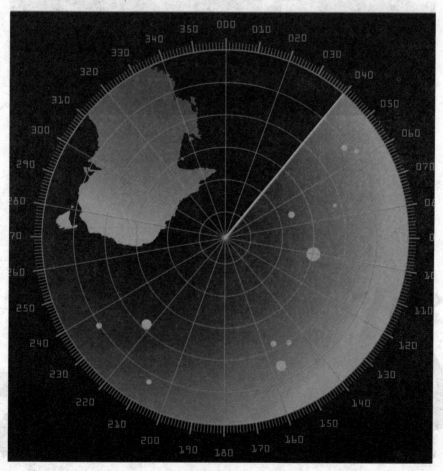

　　新型预警飞机都改用了相控阵雷达，可靠性高、探测能力强、扫描速度快、抗干扰能力强，其预警能力得到进一步提高。

拓展阅读

　　1991年海湾战争中，多国部队动用了34架预警机，使伊拉克44架飞机被盯住，最后被击落。美国E-3A预警飞机，每架售价达1.2亿至1.76亿美元。美国还规定，出售这种飞机要众参两院反复辩论，国会批准，最后由总统决定才行。

# 滑翔机的飞行原理

在介绍滑翔机的飞行原理之前，让我们先来做一个简单的试验：在下嘴唇粘上一张小纸条，用力一吹气，小纸条就会飘起来。这是因为吹气的时候，纸条上面的空气跑得快，压力小，纸条下面的气体跑得慢，压力大。这样，纸条就被下面的气体托着飘起来了。

　　飞机就是根据这个原理设计出来的。

　　滑翔机和一般的飞机不同，它没有发动机，但却有两只很大的翅膀，完全靠着上升气流在天空中滑行。天空中上升气流很多，有时风被山挡住，气流只好向上跑；有时空气流过比较热的地面，受热膨胀而向上升。

　　滑翔机驾驶员只要很好地利用上升气流，设法从这个上升气流滑行到另一个上升气流，便可以在空中飞上几个小时，飞到几百千米以外的地方，甚至更远。

　　滑翔机的出现要早于飞机，1801年，英国的乔治·凯利爵士研究了风筝和鸟的飞行原理，于1809年试制了一架滑翔机。

1847年，已是76岁的凯利制作了一架大型滑翔机，两次把一名10岁的男孩子带上天空。一次是从山坡上滑下，一次是用绳索拖曳升空，飞行高度为2至3米。4年后，由人操纵的滑翔机第一次脱离拖曳装置飞行成功，飞行了约500米远。

德国土木工程师利林塔尔所设计的滑翔机，把无动力载人飞行试验推向高潮。他于1891年制作了第一架固定翼滑翔机，翼展为7米，用竹和藤作为骨架，骨架上缝着布，人的头和肩可从两机翼间钻入，机上装有尾翼，全机重量约2000克，很像展开双翼的蝙蝠。他把自己悬挂在机翼上，从15米高的山冈上跃起，用身体的移动来控制飞行，滑翔90米后安全降落。这是世界上第一架悬挂滑翔机。

1891年至1896年间，利林塔尔共制作了5种单翼滑翔机和2种双翼滑翔机，先后进行了2000多次飞行试验，并掌握了多项飞行技术。

1896年8月9日，他驾驶滑翔机在里诺韦山遭遇强风而坠落，次日去世。他留给后人的最后一句话是："要想学会飞行，必须作出牺牲。"

1914年，德国人哈斯研制出第一架现代滑翔

机，它不仅能水平滑翔，还能借助上升的暖气做爬高飞行，并且其操纵性能更加完善。从此，滑翔机进入了实用阶段。在第二次世界大战期间，滑翔机曾用来空降武装人员和运送物资。今天滑翔机主要用于体育航空运动。

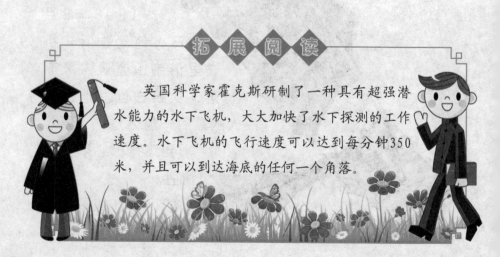

拓 展 阅 读

英国科学家霍克斯研制了一种具有超强潜水能力的水下飞机，大大加快了水下探测的工作速度。水下飞机的飞行速度可以达到每分钟350米，并且可以到达海底的任何一个角落。

# 船舶的发展

　　船的发明不归属于具体哪一个人，也不是哪一个历史时期的人类发明的，而是全人类几千年智慧的结晶。自从人类在地球上出现以后，为了生存，他们有时需要渡河，有时需要在河上捕鱼，这就有了对船的需求，也就开始想方设法创造能浮在水上载人载物的工具。

　　最初，人们是利用漂流的树木渡河，以后人们将木头稍做

加工，扶着木头过河。再以后，人们又学会了用木头或竹子绑成筏子渡河。

由于用木筏和竹筏载人或载物时，河水很容易把人或物品弄湿，所以，慢慢地人们又设计出了中间是空的独木舟，后来，为使木船不容易翻，又在独木舟的旁边固定上了横木。

就这样船的形状及功能不断地被人类改进和加强，到现在人们已利用先进的科学技术，创造出速度很快的水翼船、可在陆地上行驶的气垫船、不烧油的核动力船、超导船、太阳能船等。

那么，船舶是怎样发展到现在的样子的呢？1879年，世界上第一艘钢船问世后，又开始了以钢船为主的时代。船舶的推进也由19世纪的依靠撑篙、划桨、摇橹、拉纤和风帆发展到使用机器驱动的时代。

1807年，美国的富尔顿建成第一艘采用明轮推进的蒸汽机船"克莱蒙脱"号，时速约为每小时8000米。

1894年，英国的帕森斯用他发明的反动式汽轮机作为主机，安装在快艇"透平尼亚"号上，在泰晤士河上试航成功，航速超过了60千米。1902年至1903年在法国建造了一艘柴油机海峡小船。1903年，俄国建造的柴油机船"万达尔"号下水。

20世纪中叶，柴油机动力装置成为运输船舶的主要动力装置。

原子能的发现和利用又为船舶动力开辟了一个新的途径。1954年，美国建造的核潜艇"鹦鹉螺"号下水，功

率为11025千瓦，航速33千米。现在，为了节约能源，有些国家吸收机帆船的优点，研制一种以机为主，以帆助航的船舶。用电子计算机进行联合控制，日本建造的"新爱德丸"号便是这种节能船的代表。现在船舶的外形一般都是流线型，材料随着科技进步不断更新，多是钢材以及铝、玻璃纤维、亚克力和各种复合材料。

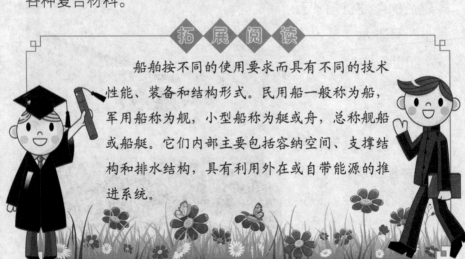

拓展阅读

船舶按不同的使用要求而具有不同的技术性能、装备和结构形式。民用船一般称为船，军用船称为舰，小型船称为艇或舟，总称舰船或船艇。它们内部主要包括容纳空间、支撑结构和排水结构，具有利用外在或自带能源的推进系统。

# 水闸的作用

　　水闸是主要利用闸门挡水和泄水的建筑物。关闭闸门，可以拦洪、挡潮、抬高上游蓄水水位，以满足上游取水或通航的需要。开启闸门，可以泄洪、排涝、冲沙、取水或根据下游用水的需要调节流量。水闸在水利工程中的应用十分广泛，多建于河道、水库、湖泊及滨海地区。

　　巴拿马运河是大西洋和太平洋之间的重要水运航道。因为运河的水面高出海平面约26米，船只无法直接通行，因此人们在运河的两端安装了好几道水闸。轮船通过运河时，先开到水闸内，然后关上水闸，往里面放水，使水位升高。这样，船只就能顺利地通过了。

　　1903年11月，美国获得单独开凿巴拿马运河的权力，于1904年动工，1914年完成。

　　巴拿马运河的通航，大大缩短了太平洋和大西洋之间的航程。例如，从美国纽约到加拿大温哥华，比绕道南美洲南端的麦哲伦海峡缩短航程12000多千米；从纽约到日本横滨，缩短航程约5300多千米；从欧洲到亚洲东部或澳大利亚，也近了3200多千米。

我国修建水闸的历史非常悠久，早在公元前598年至公元前591年，在安徽省寿县就建设有5个闸门引水，以后随着建闸技术的提高和建筑材料新品种的出现，水闸建设也跟着日益增多了起来。

1949年后，我国开始大规模建设水闸，并积累了丰富的经验。如长江葛洲坝枢纽的二江泄水闸，最大泄量为每秒84000多立方米，位居我国首位，运行情况良好。

国际上修建水闸的技术也在不断发展和创新，如荷兰兴建的东斯海尔德挡潮闸，闸高53米，闸身净长3000米，被誉为"海上长城"。

当前水闸的建设，正在向形式多样化、结构轻型化、施工装配化、操作

自动化和现代化方向发展。

同时，水闸设计更加严格。闸室的设计，须保证有足够的抗滑稳定性；闸室的总净宽度须保证能通过设计流量；闸室和翼墙的结构形式、布置和基础尺寸的设计，需与地基条件相适应，尽量使地基受力均匀。

此外，水闸设计还要求做到结构简单、经济合理、造型美观、便于施工、管理，及有利于环境绿化等。

拓展阅读

巴拿马运河原来是一片荒凉的地带，沼泽纵横，丛林密布，疾病流行。美国为了建造这条82千米长的运河，有70000多名工人献出了生命，几乎是一米长的地方，就夺去一个人的生命，因此这里也被人称"死亡海岸"。

# 帆船的行驶动力

　　帆船就是利用风力前进的船。帆船起源于欧洲，它的历史可以追溯至远古时代。帆船是人类与大自然作斗争的一个见证，帆船历史同人类文明史一样悠久。

　　帆船作为一种比赛项目，最早的文字记载见于1900多年以前古罗马诗人味吉尔的作品中。至13世纪，威尼斯开始定期举

行帆船比赛，当时比赛船只没有统一的规格和级别。

帆船运动起源于荷兰。古代的荷兰，地势很低，所以开凿了很多运河，人们普遍使用小帆船运输或捕鱼。

帆船分稳向板帆艇和龙骨帆艇两类。稳向板帆艇轻快灵活，可在浅水中行驶，是世界最普及的帆船。龙骨帆艇也称稳向舵艇，体大不灵活，稳定性好，帆力强，只能在深水中行驶。

你可能要问了，帆船既没有人划，又没有驱动装置，为什么能航行呢？

那是因为帆船上有帆，它像船的翅膀，把风兜起来，风推着帆，于是船就向前开动了。帆船航行的动能由风提供，所以改变风与帆的相互作用可以改变帆船的运行状态。

一般而言，当风平稳地

从帆的迎风面和背风面顺利流动时，帆船可以获得最大的动力。

相反，帆船则会失去动力并且减速。为了获得最大动力，船员和舵手需要保持帆与风处于最佳角度。

有两种方式可供选择：通过帆船索具调整帆与风之间的角度；通过帆船航向调整帆与风的角度。

风力是帆船行驶的动力，顺风的时候，帆船可以张开帆，顺着风吹的方向，一直向前行驶。逆风的时候，帆船就不可能一帆风顺地直线航行了。这时，应该把船头斜对着风吹来的方向，然后调整帆的角度，使风吹到帆上，产生一个斜着向前的力，船也就斜着向前行驶了。

过一会儿，再把船头调转，使船的另一侧斜对着风向，帆船就会朝另一个方向斜着向前行驶。帆船就这样，一会向左，一会向右，逆风向前航行。这种行驶方法叫做迎风行驶。

帆船的大小不一样，帆的形状和支撑帆的桅杆多少也不一样。传统的四方形横帆适合顺风行驶，由三角形帆发展而来的纵帆，有利于逆风行驶，操作都很方便。

拓 展 阅 读

帆船的帆分横帆和纵帆两种。横帆的方向是与船体成十字形交叉，而纵帆是与船体长轴方向一致。大型帆船都是把这两种帆结合起来使用。横帆帆船有三桅帆船、多桅帆船、双桅帆船三种；纵帆帆船有单桅帆船、双桅纵帆船两种。

# 船只的航行规则

车辆在马路上行驶，要遵守交通规则，不然的话就会发生危险。海洋和江河没有信号灯，也没有交通警察指挥，那么船在水面航行时，当两艘船相遇时应该怎么办呢？

其实船只在水面航行也是有一定的交通规则的，也要按信

号灯的指示去做。只不过它们的信号灯都是装在船上的。

在船的两侧各有一盏灯，右侧是绿灯，左侧是红灯。在前桅杆上、后桅杆上和船尾正中，都装有一盏白灯。机动船单船航行时，应当显示白光桅灯一盏，红绿光舷灯各一盏，白光尾灯一盏。船舶长度为50米以上的机动船，还应当在后桅显示另一盏白光桅灯。船舶长度小于12米的机动船，可以显示白光环照灯一盏和红、绿并合灯一盏。这样，当两艘船相遇时，驾驶员只要按照对方船上的信号灯指示去做，就不会有危险了。

我们都知道自行车、汽车和火车都有刹车，可是你看过轮船有"刹车"吗？

如果你乘坐渡轮，就会发现一个很有趣的现象：轮船先向上游斜渡，随着江水慢慢地斜向对岸码头的下游，然后再平稳地逆流靠岸。江水越急，这现象越明显。

你可以注意一下：在长江大河里顺流而下的船只，当它们到岸时，却不立刻靠岸，而要绕一个大圈子，使船逆着水行驶以后，才慢慢地靠岸。

这里有个简单的算术题，你不妨做一做：假若水流的速度每小时是3000米，船要靠岸时，发动机已经关了，它的速度是每小时4000米，这时候要是顺水，这只船每小时行多少米？要是逆流时呢？

你也许脱口就可以把上面的题目答出来，那就是：顺流时，每小时船行7000米；逆流时，每小时船行1000米。

究竟是7000米那么快容易停呢？还是1000米那么慢容易呢？当然是越慢

越容易停靠。

　　这样看来，使轮船逆水进码头，就可以利用流水对船身的阻力，而起一部分"刹车"作用；另外，轮船还装有"刹车"的设备和动力。例如：当轮船靠码头或远行途中发生紧急情况，急需要停止前进时，就可以抛锚，同时轮船的主机还可以利用开倒车起"刹车"作用。

拓展阅读

　　1802年，富士顿研制出了第一艘轮船，1807年富士顿的第二艘轮船也诞生了，他本人被称为"现代轮船之父"。富士顿有生之年一共建造了10多艘各式各样的蒸汽机轮船，还为美国制造出了第一艘蒸汽机战船。

# 破冰船的威力

破冰船是用于破碎水面冰层，开辟航道，保障舰船进出冰封港口、锚地或引导舰船在冰区航行的勤务船。

世界上公认最早的破冰船是1872年在汉堡建造的"破冰船"1号。这艘船为促进北欧贸易的发展作出了贡献。

不过也有学者认为，1864年，由俄国人改装后的"派洛

特"号小轮船才是世界第一艘破冰船。英国为俄国建造的"叶尔马克"号破冰船，是第一艘在北极航行的破冰船。

每当严寒降临、冬天到来的时候，北方的港湾和海面常常会被冰封，使航道阻塞。为了便于船舶出入港口，往往要用破冰船进行破冰。那么，破冰船是如何破冰的呢？

原来破冰船具有自己独特的特点：船体结构坚实，船壳钢板比一般船舶厚得多；船宽体胖，上身小，便于在冰层中开出较宽的航道；船身短，因而进退和变换方向灵活，操纵性好；吃水深，可以破碎较厚的冰层；马力大、航速快，这样向冰层猛冲时，冲击力大。

破冰船的船头制造成折线形，使头部底线与水平线成20度至35度角，船头可以"爬"到冰面上。它的船头、船尾和船腹两侧，都备有很大的水舱，作为破冰设备。

破冰船遇到冰层，就把翘起的船头爬上冰面，靠船头部分的重量把冰压碎。这个重量是很大的，一般要达到1000吨左右，不太坚固的冰层，在破冰船的压力之下马上就会让步。

如果冰层较坚固，破冰船往往要后退一段距离，然后开足马力猛冲过去，一次不行，就反复冲，把冰层冲破。

如果遇到很厚的冰层，一下冲不开，破冰船就开动马力很大的水泵，把船尾的水舱灌满，因为船的重心后移，船头自然会抬得更高。这时，将船身稍向前进，使船头搁在厚冰面上，然后再把船尾的水舱抽空，同时把船头的水舱灌满。

就这样，本来重量很大的船头，再加上船头水舱里新灌满几百吨水的重量，再厚的冰层，也会被压碎。破冰船就这样慢慢地不断前进，在冰上开出一条水道。

拓 展 阅 读

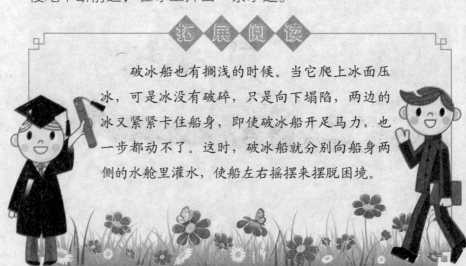

破冰船也有搁浅的时候。当它爬上冰面压冰，可是冰没有破碎，只是向下塌陷，两边的冰又紧紧卡住船身，即使破冰船开足马力，也一步都动不了。这时，破冰船就分别向船身两侧的水舱里灌水，使船左右摇摆来摆脱困境。

# 高速行驶的水翼船

在各种交通工具中，船舶航行的速度是比较慢的，大多数船只每小时只能行驶20千米至30千米。可是，有一种船，速度可以达到每小时100千米以上，这就是水翼船。

水翼船的特点是行驶在空气跟海水的界面上，以尽量克服水的阻力。

　　1919年，出现了世界上第一艘水翼船，船重5吨，航速是每小时60余海里。1957年，苏联建造了内河水翼船，船重25吨，船速每小时38海里。1968年由美国洛克希德公司建成的一艘"平景"号水翼船，在平静的水中速度超过每小时40海里，是当时世界上最大的水翼船。

　　水翼船是利用装在船底的水翼在航行中所产生的上升力来高速航行的船舶。水翼船的构造和普通的船基本相同，只是在船底多了两个像飞机翅膀一样的东西，这就是水翼。水翼船能行驶得那么快，秘密全在这两个水翼上。

　　水翼船的工作原理与飞机一样，水翼的断面也与机翼断面的形状一样，当船在推进装置的作用下快速航行时，浸在水中的水翼就因其断面的特殊形状而造成它上、下表面所受的水的压力不同，下面大而上面小，从而形成向上的升力，逐渐把船体抬起。这样就使船所受的水动阻力减小，使船速更易增加。当航速增加到一定值时，上升力也大到可以将船体完全抬出水面，从而使船在水面上掠行，就像在水面上飞行一样。

这个时候，只有船的水翼支架或部分水翼与水面接触，就这样，当船高速行驶时，就可大大降低水动的阻力，还可减少波浪对船体的冲击，从而在海面上飞快的航行。

水翼船按水翼数目可分为单水翼船和双水翼船；按水翼能否收放，分为固定水翼船和可收缩水翼船；按水翼与水面的相对位置，可分为全浸式水翼船和割划式水翼船；按控制方式，分为自控水翼船和非自控水翼船。

　　我国曾建造过一批全浸式水翼船和割划式水翼船，在长江和内湖水域使用。自控式水翼船因采用自动控制装置，能够更好地适应海洋水域。但是由于日常保养成本高，往往只在特殊航线和军事应用中使用。水翼船结构材质一般用铝合金或高强度钢材，水翼用不锈钢等材料制造。

## 拓 展 阅 读

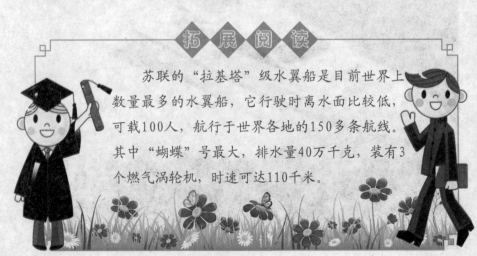

　　苏联的"拉基塔"级水翼船是目前世界上数量最多的水翼船，它行驶时离水面比较低，可载100人，航行于世界各地的150多条航线。其中"蝴蝶"号最大，排水量40万千克，装有3个燃气涡轮机，时速可达110千米。

# 能在陆地跑的气垫船

我们都知道，船是在水里行驶的，可是气垫船既能在水里行驶，又能在陆地上跑，这是怎么回事呢？

原来气垫船和一般的船不一样，气垫船的船底四周有一圈用橡胶做成的围裙，开动的时候，用压气机把空气从船底喷

出，由于周围有橡胶围裙阻挡，于是，喷出的空气就在船的下面形成了一个空气垫，使船悬浮起来。

所以，无论是在水里还是在陆地上，它都能行驶。即使在沼泽地区，它也会畅通无阻。

在气垫船上还装有好几个螺旋桨，气垫船悬起来后，借助高速旋转的螺旋桨产生的推力，就能飞快地前进了。

气垫船的速度可达每小时几十千米，最快可达200千米。我国的最大气垫船是1996年3月验收合格的"康平号"，船长52.8米，宽12.3米，能载40人，航速为每小时50.3千米。

气垫船又叫"腾空船"，是一种以空气在船只底部起衬垫承托作用的交通工具。它是利用高压空气在船底和水面间形成气垫，使船体全部或部分垫升起来，从而实现高速航行的船。

气垫是用大功率鼓风机将空气压入船底下，由船底周围的柔性围裙或刚性侧壁等气封装置限制气体逸出而形成的。

19世纪初，就已经有人认识到把压缩空气打入船底下可以减少航行阻力，提高航速。

　　1953年，英国人库克雷尔创立气垫理论，经过多次试验后，于1959年建成世界上第一艘气垫船，并且成功横渡了英吉利海峡。

　　1964年以后，气垫船类型增多，应用日益广泛。目前多用作高速短途客船、交通船和渡船等，航速可达每小时60海里至80海里。

　　气垫船船身一般用铝合金、高强度钢或玻璃钢制造；动力装置用航空发动机、高速柴油机或燃气轮机；船底围裙用高强度尼龙橡胶布制成，磨损后可以及时更换。气垫船的运输速度快，是运输物资等后勤补给品的很好方式；还可作为快速布雷工具，比常规舰船有许多优势。

拓展阅读

　　英国是最早研制气垫船的国家。20世纪60年代初，英国海军就组建了气垫船试验分队，对不同类型的气垫船进行一系列的作战环境试验，如用于扫雷、两栖登陆、发射导弹、反潜等。

# 潜艇发射导弹的原理

潜艇是既能在水面航行又能潜入水中航行的舰艇，也称潜水艇，是海军的主要舰种之一。

潜艇在战斗中的主要作用是：摧毁敌方军事、政治、经济中心；消灭运输舰船、破坏敌方海上交通线；攻击大中型水

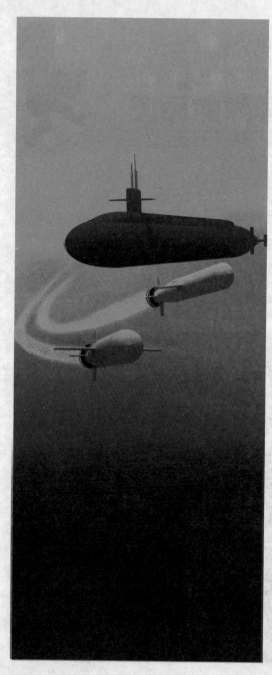

面舰艇和潜艇；执行布雷、侦察、救援和遣送特种人员登陆等。

潜艇能够发展至今天，是因为它具有以下特点：能利用水层作为掩护进行隐蔽活动和对敌方实施突然袭击；有较大的自给力、续航力和作战半径，可远离基地，在较长时间和较大海洋区域以至深入敌方海区独立作战，有较强的突击威力；能在水下发射导弹、鱼雷和布设水雷，攻击海上和陆上目标。

潜水艇为什么能沉下去，浮上来呢？原来，在潜水艇上，有好几个盛水的大水柜，潜水艇要下沉的时候，就用空气压缩机，把铁柜里的空气抽掉，打开阀门，让海水冲进去，铁柜里灌满了水，潜水艇的重量增加了，就能潜到海底了。

如果要想让潜水艇升上来的时候，把空气灌进铁柜，以把铁柜里的海水排出去，这时候，潜水艇就变轻了，就会慢慢地浮出水面了。

潜艇在水下也能发射导弹，但由于受环境的限制，在水下发射导弹要困难许多。你知道潜艇是如何发射导弹的吗?

潜艇在水下发射导弹，首先要克服的是水的阻力。因此，在发射前需要用压缩空气向密闭的发射筒内充气，使筒内的气压与海水的压力相等。这样，打开发射盖时，才能保证海水不流入发射筒内。

发射时，第一级火箭不能在水下点火，而要用压缩空气或高温高压蒸汽把导弹从发射筒内推出。导弹在巨大的推力作用下，才能冲出水面进入空中。此时，第一级火箭才开始点火，推动导弹按预定程序飞向目标。

　　导弹在水下发射，对水深也有严格要求。潜艇发射深度应在30米左右，发射海区的水深要超过100米。此外，潜艇发射导弹时的航速也不宜太快，海浪也不能过大，否则，会影响导弹的准确性。潜艇按作战使命分为攻击潜艇与战略导弹潜艇；按动力分为常规动力潜艇与核潜艇；按排水量分，常规动力潜艇有大型潜艇、中型潜艇、小型潜艇和袖珍潜艇。核动力潜艇一般在3000吨以上。

拓展阅读

　　鱼雷是潜艇的传统武器，除了极少数研究用潜艇和袖珍潜艇外，几乎所有潜艇都装备有鱼雷，主要用于对舰艇和潜艇进行攻击。鱼雷是破坏舰艇水下结构的利器，命中1枚就可重创一艘驱逐舰，命中2枚可以击沉一艘万吨级商船。

# 能够预测风雨的雷达

我们都知道雷达在军事上有着广泛的运用，是国防上有效的预警工具。可是雷达还能测风雨，有的人大概还是第一次听说吧！

用来测风雨的雷达，叫气象雷达。测风的时候，气象工作者先放出一个带金属反射靶的氢气球，这样雷达向金属反射靶发射无线电波，然后通过反射的回波，就能准确地测出气球的高度和水平距离以及方位、仰角等数据，这样就可以推算出各高度的风向和风速。

当雷达向云层发射无线电波时，由于云层中的水滴直径大小对雷达的无线电波反射的

强弱不同，在雷达荧光屏上显示的回波亮度也不一样，越亮说明云层中的水滴直径越大，这样就能判断出这块云层会不会下雨。

如果想知道更高空的气象情况，就得发射火箭，当气象火箭到达一定高度，打开降落伞，火箭携带的各种仪器开始工作，地面雷达跟踪徐徐下降的火箭就能知道各种高度的气象情况。

雷达是20世纪人类在电子工程领域的一项重大发明。雷达的出现为人类在许多领域引入了现代科技的手段。

1935年2月25日，英国人为了防御敌机对本土的攻击，开始了第一次实用雷达实验，于是雷达产生了。

雷达是利用极短的无线电波进行探测的，雷达的组成部分有发射机、天线、接收机和显示器等。由于无线电波传播时，遇到障碍物就能反射回来，雷达就根据这个原理把无线电波发射出去，再用接收装置接收反射回来的无线电波，这样就可以测定目标的方向、距离、高度等。

最初雷达主要用于军事领域。第二次世界大战期间，英国在海岸线上建起了雷达防御网络。这些雷达使英国人能够不断地成功抗击德军破坏性的空中和海底袭击。

雷达被人们称为"千里眼"。在现代战争中，由于雷达技术的进步，使交战双方在相距几十千米，甚至上百千米，人还互相看不到，就已拉开了空战序幕，这就是现代空战利用雷达的一个特点，即超视距空战。

雷达的优点是白天黑

夜均能探测远距离的目标，且不受雾、云和雨的阻挡，具有全天候、全天时的特点，并有一定的穿透能力。

随着雷达技术的不断改进，如今雷达被广泛应用于众多领域。雷达在洪水监测、海冰监测、土壤湿度调查、森林资源清查、地质调查等方面显示了很好的应用潜力。

拓展阅读

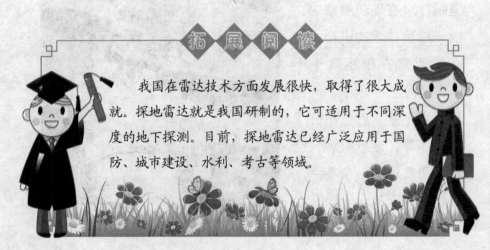

我国在雷达技术方面发展很快，取得了很大成就。探地雷达就是我国研制的，它可适用于不同深度的地下探测。目前，探地雷达已经广泛应用于国防、城市建设、水利、考古等领域。

# 火箭的工作原理

　　火箭和喷气式飞机都是利用尾部喷出的气体产生的反作用力飞行的，表面上看它们的飞行原理好像差不多，其实是有很大区别的。

　　喷气式飞机的发动机前端有一个很大的进气孔，当发动机工作时，能从这个孔把空气吸进来，然后再把它压缩。

　　压缩后的空气和雾状的燃料在燃烧室内混合燃烧，产生大

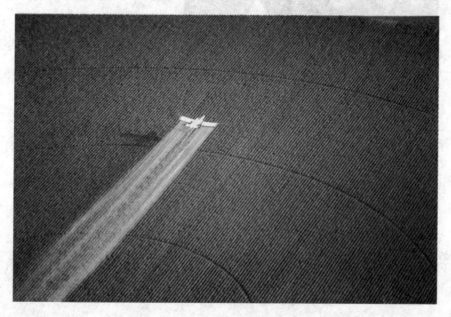

量的气体，并猛烈向后喷出，飞机就能向前飞行了。这就是说，喷气式飞机飞行时必须得有空气帮忙，因为燃料燃烧时需要的氧气是由空气提供的。另外，飞机有一对很大的翅膀，它就是靠这对翅膀在空气中产生的浮力飞行的。

火箭是以热气流高速向后喷出，利用产生的反作用力向前运动的喷气推进装置。

火箭不但装有燃料，还随身带着能放出氧气的氧化剂。需要的时候，只要把氧化剂和燃料送进燃烧室里就行了，不需要空气来帮忙，所以火箭的发动机前端没有进气孔。

火箭的发动机有足够的力量使火箭脱离地

球的引力，飞出大气层。太空中没有空气，火箭当然也用不着有很大的翅膀。

火箭虽然不像飞机那样需要有灵活的转弯功能，但是要想进入正确的轨道飞行，也必须不断地调整方向才行。火箭调整方向的装置安装在尾部，由地面站通过电波信号来操纵，使火箭改变方向。不同的火箭，转向装置也不一样。

有些火箭在喷气孔的中间装一块直立的金属板，这块板向左转，气流向左喷出的力量就会大些，把火箭的尾部向右推，使火箭向左前方飞行。

小型火箭一般是在发动机的侧面再安装几个小发动机，根

据需要把小发动机点燃，让气流从侧孔中喷出，火箭就会转弯了。液体燃料火箭大多采用这种办法。固体燃料火箭的转向装置，是在喷气孔的内壁开几个小孔，通过小孔喷射气体，也能改变火箭的飞行方向。有的火箭，整个喷气孔是活动的，能够根据需要变换方向。喷出的气流方向变了，火箭的飞行方向也就随着改变。

拓展阅读

　　1939年8月27日，德国人奥海因研制的第一架喷气飞机He-178试飞成功，航速每小时达1700千米。1941年春，德国飞机设计师梅塞施米特试制成功了第一架实用、并能成批生产的军用Me-262喷气飞机。

# 多级火箭的功能

随着人类探测太空的需要和空间飞行器的增多，要求火箭具有更大的运载能力，因而出现了多级火箭。

简单地说，多级火箭就是把几个单级火箭连接在一起的大型火箭，其中的一个火箭先工作，工作完毕后与其他的火箭分开，然后第二个火箭接着工作，依此类推。

由几个火箭组成的称为几级火箭，如二级火箭、三级火箭等。需要指出的是，如果多个火箭同时工作，它们只能算作一

个级。

空间运载火箭的任务是将空中飞行器发射到空中某一区域，这就需要火箭发射的速度很快。而在空中飞行的人造卫星，只有达到每秒7900米才不会掉向地面，飞到月球或其他星球上的人造卫星速度要达到每秒11200千米左右。

火箭是靠往后喷发出的气体产生的反作用前进的，气体喷出的越快，火箭向前的速度越快，这需要携带大量燃料，如果再加上地球的引力和空气的阻力，单级火箭是完不成这个任务的。

为了满足空间飞行器的速度只有用多级火箭。多级火箭是由若干个单级火箭组成，每个单级火箭组成一级，每级火箭有自己单独的火箭发动机和推进剂，并且每一级火箭都在前一级火箭已经达到的速度基础上开始工作。

每级火箭的燃料用尽之后会自动掉下来，最后一级火箭所达到的速度，完全可以把空中飞行器送到空中。现在我国的火箭发射技术已达到世界先进水平。

多级火箭的优点是每过一段时间就把不再有用的结构抛弃掉，无需再消耗推进剂来带着它和有效载荷一起飞行。因此，只要在增加推进剂质量的同时适当地将火箭分成若干级，最终就可以使火箭达到足够大的运载能力。

多级火箭各级发动机是独立工作的，可以按照每一级的飞行条件设计发动机，使发动机处于最佳工作状态，从而也就提高了火箭的飞行性能。

不过，火箭在起飞时并非级数越多越好，因为每一级火箭除了贮箱外至少还必须有动力系统、控制系统以及连接各级火箭的连接结构等。每增加一级，这些组成部分就增加一份。

火箭级数太多不仅费用会增加，可靠性降低，火箭性能也会因结构质量增加而变坏。

总之，为了提高火箭的运载能力，采用多级火箭是个好办法，但不是级数越多越好，它与起飞质量之间有着某种对应关系。

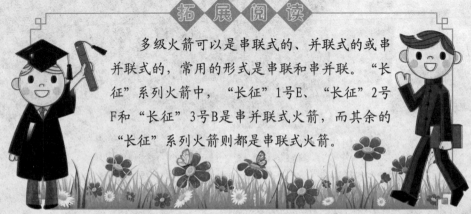

拓展阅读

多级火箭可以是串联式的、并联式的或串并联式的，常用的形式是串联和串并联。"长征"系列火箭中，"长征"1号E、"长征"2号F和"长征"3号B是串并联式火箭，而其余的"长征"系列火箭则都是串联式火箭。

# 陆战武器坦克

坦克也称为战车，是现代陆上作战的主要武器，有"陆战之王"的美称，它是一种具有强大的直射火力、高度越野机动性和很强的装甲防护力的履带式装甲战斗车辆，主要执行与对方坦克或其他装甲车辆作战，也可以压制、消灭反坦克武器、

摧毁工事、歼灭敌方的有生力量。

　　坦克全身都由钢铁构成，最普通的轻型坦克也有二三十吨重，重型坦克重达五六十吨。如此重的庞然大物，如果安装轮胎，在道路上很难飞快行驶，要是遇到坑坑洼洼的泥泞路面，就更加寸步难行了。

　　为了解决这个问题，让坦克在任何路面上都能自如行进，科技人员想到了给坦克安装履带。

　　我们知道，物体接触面积越大，压力越小；接触面积越小，压力越大。履带就是应用了这一原理。

　　其实，履带的构造并不复杂，履带首尾相连，环绕在轮子的外廓。坦克发动机开动后驱动主动轮，主动轮又驱动履带，把车身推向前进。

　　坦克的全部重量通过轮子集中在两条与地面直接接触的履带上面。由于履带与地面的接触面积较大，因此地面单位面积上承受到的压力就很小了。所以，尽管坦克很重，但因为受力分散，它的时速依然可以达到60千米以上。

我们知道了坦克是靠履带来行走的，履带的重量约占坦克全重的1/5，一辆中型主战坦克的履带重8吨至10吨左右。你别看履带这么重，其实，它行动起来十分灵活，如同人一样能够自由地向左、向右、向后灵活转动。

更令人惊奇的是，坦克甚至可以原地转向。坦克的转向是通过专门的转向装置来完成的。

这种转向装置可以使两侧的履带以不同的速度运动，在向左转弯的时候，右侧履带运动速度快，向右转弯时，左侧履带运动速度快。

如果在作战中需要原地掉头时，它根本不需要一个常规的

转弯半径，只要同时驱动两侧的履带，使其中的一条向前运动，另一条向后运动，顷刻之间便完成了以自己车体立轴为中心的原地转向。

坦克原地转向这一独特的性能，为其迅速把握战机，适时攻击目标提供了很大的方便。

拓 展 阅 读

坦克是地面作战的重要突击兵器，许多国家正依据各自的作战思想，积极地利用现代科学技术的最新成就，发展21世纪使用的新型主战坦克。坦克的总体结构可能有突破性的变化，会出现如外置火炮、无人炮塔等结构形式。

# 无声枪和消声筒

我们都听说过无声手枪，顾名思义，就是它在射击时没有声音。其实，无声手枪也不是一点声音也没有，只不过声音非常小罢了。

无声手枪为什么会没有声音呢？奥妙就在于它的枪管外面附加了一个消声筒。消声筒是由10多个消音孔连接而成的，消音孔按一定的规则整齐地排列在消音筒内。

　　当高压气体从枪口喷出，每遇到一个消音孔，气流便会在这里膨胀一次，从而消耗一部分能量。当经过若干次膨胀后，高压气体到达消音筒的出口时，其压力、速度和密度，已降到和外界空气差不多了。

　　这样一来，如果用无声手枪在室内射击，室外听不到声音；在室外射击，室内听不到声音。在一定距离上白天看不见火焰，夜晚看不到火光。

　　由于采取了消声措施，无声手枪的弹头初速度较小，自然，无声手枪的有效射程也相应缩短了，所以，无声手枪只适用于近距离作战。

　　无声枪被称为"暗杀的快手"，因为安装了消声设备，所以射击时响声轻微，也被叫做微声枪。夜晚射击时在一定距离内看不到发射火焰。微声枪的种类有微声手枪和微声冲锋枪。

　　微声枪的消声器外形像一个长圆筒，里面装有能减低火药气体速度的圆形消音隔板或网状的消音丝网。

　　通过这些隔板或丝网后，火药气体的速度降低，压力减少，声音也就小得多了。

　　有的微声枪还通过在消声器外套橡皮以阻止气体外流的办法提高消声效果。还有的在消声器后半段的圆筒上开一些排气孔以减少压力，或者用速燃火药代替普通火药。

无声枪的消声作用，是能把射击噪音由原来的150分贝降低到60分贝，甚至还可以使处在嘈杂环境中的人们，听不到几米外的枪声。

英国史特灵"帕切特"微声冲锋枪是无声枪的代表，它射击时30米外无声，50米外无火光。

由于无声枪加大了枪的尺寸，重量也加重了不少，因此影响了武器的射击精度，不适用于大威力枪械等。由此可知微声枪的使用范围仍然很有限。

拓展阅读

微波武器是这样一种装置：用超高频微波发射机和定向天线来发射高强度的、汇聚的微波射束，以杀伤敌人和破坏敌人的武器装备。强微波对人体和电子元器件具有杀伤和破坏效应，而对一般的武器装备则无明显作用。

# 防弹玻璃有多大作用

　　一些特殊用途的汽车玻璃，用子弹或石头是击不碎的，玻璃上只会出现一些网状裂纹。这种玻璃就是防弹玻璃。

　　防弹玻璃是一种夹层玻璃，一般都做成3层。即在两层玻璃间夹一层有弹性的透明塑料，如赛璐珞、降乙烯醇缩丁醛等塑料，这些塑料物质像胶膜一样把两层玻璃紧密地黏结成一体。

　　也有使用5层防弹玻璃的，还有夹金属材料的玻璃，如一种夹钛金属薄片的玻璃具有抗高冲击力、抗贯穿、抗高温的特点。总之黏合玻璃层数越多，防弹能力就越强。

　　防弹玻璃主要用在高级轿车的挡风玻璃和坦克车的眺望孔上。使用这种玻璃不仅能经受住枪弹的冲击，而且还不会使碎片伤人。

　　近年来，在全球范围内，炸弹爆炸袭击事件不断上升，印度尼西亚万豪酒店就是一个典型的案例，随着炸弹威力的增大，人们的生命安全受到极为严重的威胁。

　　据安全专家分析及有关资料显示，玻璃的散落和碎片的飞溅是人受到伤害的主因。在炸弹恐怖爆炸事件中，75%的伤害与玻璃有关，这意味着如果采用防炸弹玻璃则可以减少75%的伤害程度。

如果在爆炸事件发生时，所有建筑物的玻璃能完整地保留在框架中，那么冲击波能量将不能进入室内，室内物品就不会受到破坏，高速碎片也不会进入建筑物内或掉落地上造成伤害。

根据对人体防护程度的不同，防弹玻璃可分为两种类型；一种是安全型，一种是生命安全型。

安全型防弹玻璃在受到枪击后，没有玻璃碎片飞溅，不对人体构成任何伤害；生命安全型防弹玻璃在受到枪击后，有玻璃碎片飞溅，但子弹不能穿透玻璃，不会对人体造成二次伤害。

防弹玻璃分为三大系列：第一是航空防弹玻璃；第二是车辆、船舶用防弹玻璃；第三是银行用防弹玻璃，厚度在18毫米至40毫米之间。

防弹玻璃是一种可以在某种当量的炸弹爆炸攻击下，玻璃未脱离框架，保持完好或非穿透性破坏的一种高安全性能的特种玻璃。现在，防弹玻璃也被用于银行、金店等重要部门。

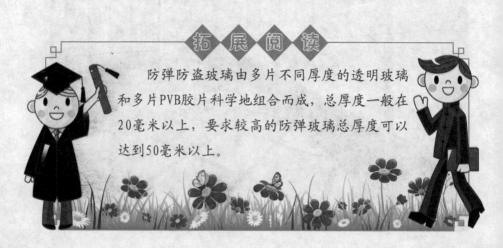

拓展阅读

防弹防盗玻璃由多片不同厚度的透明玻璃和多片PVB胶片科学地组合而成，总厚度一般在20毫米以上，要求较高的防弹玻璃总厚度可以达到50毫米以上。

# 防弹衣的防身效果

　　我们经常在一些影视作品中看到防弹衣，它是不少国家的特种部队、公安人员的标准装备。人穿上它以后，即使在近距离被子弹击中也安然无恙。

　　防弹衣又叫避弹衣，避弹背心，防弹背心，避弹服等，是单兵护体装具。主要用于防护弹头或弹片对人体的伤害。

　　那么，你知道为什么防弹衣能防弹吗？

　　原来，防弹衣是采用陶瓷玻璃钢复合材料制作的，这些防弹材料做成每块15平方厘米大小，分别安插在衣服前胸和后背特别缝制的许多紧密相连的小口袋里。当子弹击中防弹衣的一瞬间，玻璃钢片可以有效地将撞击力传遍防弹衣，从而使集中在一点的巨大冲击力

得以分散，所以避弹效果很好。

如果遭到连续射击，陶瓷片虽有可能破碎，然而由于陶瓷片和玻璃钢片紧紧地黏合在一起，即使破裂也不会掉下来，仍有一定避弹作用。这样，防弹衣就保证了穿着者的安全。

在战争时期，美军由于装备了M52型尼龙防弹衣，挡住了当时70%的直接命中的杀伤物，使胸、腹部的致死率降低65%，使总的减员率降低15%。

1983年，一次5名美国海军陆战队员在贝鲁特街头巡逻时，突然遭到一枚手榴弹的袭击，由于当时他们都穿着"凯夫拉"防弹衣，手榴弹在他们附近爆炸，居然没有造成死亡和重伤，只有上、下肢轻伤。

印度最新研制出的新型防弹衣，号称是目前世界上穿、脱

速度最快的防弹衣。其最大特点就是能迅速穿上和脱下。它专门设计有快速拉环，只要拉动此环，整件防弹衣就能轻松脱下，并且只需1秒钟的时间，穿上这款防弹衣也只需要45秒。此外，防弹衣的维护很方便，可以反复使用，是防身护体的好帮手。

防弹衣既然连子弹都防得住，对付刀具的切割和穿刺还不是小菜一碟吗，但是很遗憾，防弹衣并不完全具备防刺的功能。为什么呢？

普通防弹衣是凯夫拉材料编制而成的，当弹头击中防弹衣时，韧性较强的凯夫拉纤维会把弹头的动能传递到整个防弹衣上，这样就可以达到防弹的效果。也就是说防弹衣的原理实际上是把弹头的冲击动能分担到每一个凯夫拉纤维上。

　　但刀具所产生的是剪切力，力的方向垂直于纤维材料，而且刀尖的能量密度远高于弹头，纤维材料对于垂直方向的剪切力的抵抗是最差的，所以面对刀具，防弹衣只好望而兴叹了。

拓展阅读

　　防弹衣主要由衣套和防弹层两部分组成。衣套常用化纤织品制作。防弹层是用金属、陶瓷、玻璃钢、尼龙、凯夫拉等材料，构成单一或复合型防护结构。防弹层可吸收弹头或弹片的动能，以减轻对人体胸、腹部的伤害。

# 激光武器的优点

你知道激光武器吗？激光武器是一种利用沿一定方向发射的激光束攻击目标的武器，具有快速、灵活、精确和抗电磁干扰等优异性能，在防空和战略防御中可发挥独特作用。

它可以直接利用激光的巨大能量，在瞬间伤害或摧毁目标。它分为低能激光武器和高能激光武器两大类。低能激光武

器又称为激光轻武器，包括激光枪、激光致盲武器等，高能激光武器又称为强激光武器或激光炮。

1997年10月，美国以中红外线化学激光炮两次击中在轨道上运行的废弃卫星，宣告这次秘密试验完满成功。

我国也在研制激光武器，并且取得重大技术突破。

激光武器根据作战用途的不同，可分为战术激光武器和战略激光武器两大类。

激光作为武器，有很多独特的优点。首先，它飞行的速度可以达到光的速度，每秒30万千米，任何武器都没有这样高的速度。它一旦瞄准，瞬间就能击中目标。

其次，激光武器可以在极小的面积上，在极短的时间里集中超过核武器100万倍的能量，而且还能很灵活地改变方向，并且没有任何放射性污染。

再次，激光武器的威力十分巨大。激光轻武器能在几百米范围内击穿敌人钢盔、装甲车的厚甲板，能在2000米范围内轻而易举地使人失明，烧焦皮肉，使衣服、房屋等着火，点燃爆炸物。

高能激光武器的能量强大而且集中，可以摧毁任何军事目标。它射击时指到哪里就能打到哪里，命中率极高。

此外，激光武器没有后坐力，转向灵活，能迅速地从一个目标移向另一个目标，还可以同时对付几个目标。因此，激光

武器的威力很大，没有一样常规武器可以跟它相比，可以说是武器中的佼佼者。

如战术激光武器的突出优点是反应时间短，可拦击突然发现的低空目标。用激光拦击多目标时，能迅速变换射击对象，灵活地对付多个目标。

不过激光武器也是有缺点的，它易受天气和环境的影响，而且需要消耗大量的能量，需要复杂庞大的供电机构，因此激光武器目前还不能大量地投入使用。

拓展阅读

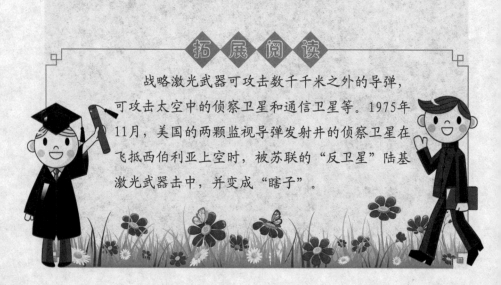

战略激光武器可攻击数千千米之外的导弹，可攻击太空中的侦察卫星和通信卫星等。1975年11月，美国的两颗监视导弹发射井的侦察卫星在飞抵西伯利亚上空时，被苏联的"反卫星"陆基激光武器击中，并变成"瞎子"。

# 机器人的多种功能

　　机器人是自动控制机器的俗称，自动控制机器包括一切模拟人类行为或思想与模拟其他生物的机械。它是高级整合控制论、机械电子、计算机、材料和仿生学的产物。在工业、医学、农业、建筑业甚至军事等领域中均有重要用途。

机器人用机械手可以装配机器、焊接工件、搬东西、从事农村劳动、做家务、画画、写字、打牌、下棋；机器人可以像人那样行走，在水中游动，在山地上爬行，在太空中行走，在核电站工作。

移动机器人是工业机器人的一种类型，它由计算机控制，具有移动、自动导航、多传感器控制、网络交互等功能。它可广泛应用于机械、电子、纺织、卷烟、医疗、食品、造纸等行业的搬运、传输等，同时可在车站、机场、邮局作为运输工具。

施肥机器人会从不同土壤的实际情况出发，适量施肥。它的准确计算合理地减少了施肥的总量，降低了农业成本。由于施肥科学，使地下水质得以改善。

真空机器人是一种在真空环境下工作的机器人，主要应用于半导体工业中。

洁净机器人是一种在洁净环境中使用的工业机器人。随着生产技术水平不断提高，其对生产环境的要求也日益苛刻，很多现代工业产品生产都要求在洁净环境进行，洁净机器人是洁净环境下生产需要的关键设备。

高级智能机器人和初级智能机器人一样，具有感觉、识别、推理和判断能力，同样可以根据外界条件的变化，在一定范围内自行修改程序。所不同的是，修改程序的原则不是由人规定的，而是机器人自己通过学习，总结经验来获得修改程序的原则。

救护机器人能够将受伤人员转移到安全地带。它装有橡胶履带，最高速度为每小时4000米。它不仅有信息收集装置，如电视摄像机、易燃气体检测仪、超声波探测器等，机械手还可以将受伤人员举起送到救护平台上，为他们提供新鲜空气。

空间机器人是用于空间

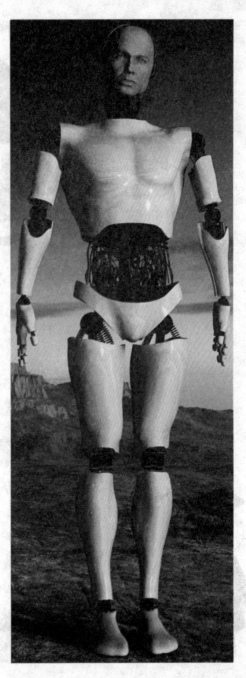

探测活动的特种机器人，它是一种低价位的轻型遥控机器人，可在行星的大气环境中导航及飞行。空间机器人的体积比较小，重量比较轻，抗干扰能力比较强。它的智能程度比较高，功能比较全。

礼仪机器人不仅能靠手完成工作，靠脚实现移动，由脑来完成统一指挥，还能够识别外界环境，感知自身信息。这种机器人也称为自主机器人。

拓展阅读

机器人按进化水平分类，第一代机器人没有智力，只能简单动作；第二代机器人有感觉和电脑，能对信息进行判断和分析，能做较复杂工作；第三代机器人能进行学习和思考，有知识的积累，可做复杂工作。

# 各行各业的机器人

　　火车是在铁轨上行驶的，如果不用司机驾驶，就要由自动装置使火车按时启动。20世纪初，在英国伦敦新维多利亚地下铁路线上，驾车的就是一个机器人。

　　这个机器人的"眼""耳""手""脑"是分别放在各处的，但是它可以和真人司机一样有开车、停车、加速、减速、开车门、关车门等动作，车开行得安全、稳当。

　　移动机器人是工业机器人的一种类型，它由计算机控制，具有移动、自动导航、多传感器控制、网络交互等功能。它可广泛应用于机械、电子、纺织、卷烟、医疗、食品、造纸等行业的柔性搬运、传输等，同时可在车站、机场、邮局作为运输工具。

　　护理机器人能用来分担护理人员繁重琐碎的护理工作。新研制的护理机器人将帮助医护人员确认病人的身份，并准确无误地分发所需药品。将来，护理机器人还可以检查病人体温、清理病房，甚至通过视频传输帮助医生及时了解病人病情。

　　智能机器人有相当发达的"大脑"。在脑中起作用的是中央计算机，这种计算机跟操作它的人有直接的联系。最主要的是，这样的计算机可以完成安排的动作。

正因为这样，我们才说这种机器人是真正的机器人，尽管它们的外表可能有所不同。

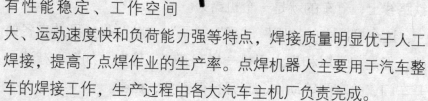

焊接机器人具有性能稳定、工作空间大、运动速度快和负荷能力强等特点，焊接质量明显优于人工焊接，提高了点焊作业的生产率。点焊机器人主要用于汽车整车的焊接工作，生产过程由各大汽车主机厂负责完成。

拓 展 阅 读

上海机器人产业规模已达60亿～70亿人民币，在全国名列第一。国际上机器人领域排名前四的ABB、FANUC、KUKA、安川等均在上海设有机构。上海将拓展机器人系统集成应用，使上海发展成为我国最大的机器人产业基地。

# 消防服的主要材料

　　每当有火灾发生时，消防队员接到报警后，就会开着消防车，穿着消防服很快赶到现场，冲进火海全力灭火。你是不是想知道，消防队员为什么穿着消防服就不怕火了呢？

　　我们平时穿的衣服，是由不同的材料制成的。有的是用棉花做的，有的是用蚕丝、羊毛做的，有的则是用化工原料做的，如尼龙、涤纶、腈纶等。

　　不过，所有这些衣服的原料都有一个共同的缺点，就是害怕火烧。据不完全统计，被火灾烧成重伤的人中，竟有33%是因为自己的衣服燃烧后造成的。

　　消防队员担负着救火抢险，保护人民生命财产的重要任务，如果他们也穿着怕火的服装，那显然是不能执行救人的艰巨任务的。

人们经过试验发现，一件用棉花做的衣服在400摄氏度的温度中，就会变焦、发黑，化纤制的衣服就更不用说了，可是用石棉做的衣物，在1000度的高温下，也烧不化、点不着。

于是人们就用石棉经过加工纺织成石棉布，用石棉布再做成消防队员穿戴的衣帽、手套等防护品。有了这些不怕火的衣物保护，消防队员就不怕大火和高温了。

用石棉纤维纺织而成的布。由于具有不燃性，燃之可去布上污垢，所以我国早期史书中常称之为"火浣布"或"火烷布"。

在元代，我国在石棉的开采、石棉布的织制和清洁方面已具有相当高的技术水平。

石棉布的品种和规格较多，织物组织有平纹、斜纹和山形斜纹等，织物的重量范围为每平方米100克至1000克，厚0.4毫米至2.5毫米。

石棉布具有良好的耐火隔热性能，还常用作汽车、飞机、火车的防火、隔热材料，在制冷设备、焊接工保护服、剧场银幕、炼钢等方面都得到应用。

消防服是随着时代的变化而发展的。但不论哪种都是消防

队员用来保护身体的重要工具。因此，它要具备以下特征：具有耐火性、耐热性和隔热性，还要具有强韧性，防止锐利物体的冲击、碰撞等。另外，还要具有能够阻止化学物质对皮

肤的伤害的性能；适应外界的冷暖、风雨等环境的变化，能够保持体力和旺盛的精力；材料要有伸缩性等。

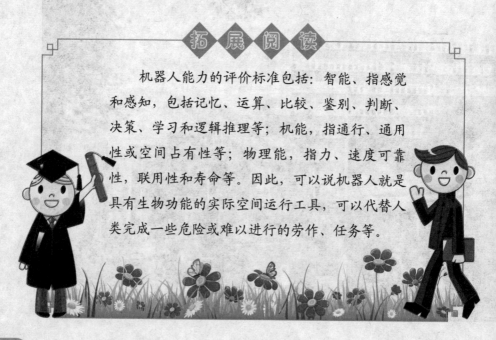

**拓展阅读**

机器人能力的评价标准包括：智能、指感觉和感知，包括记忆、运算、比较、鉴别、判断、决策、学习和逻辑推理等；机能，指通行、通用性或空间占有性等；物理能，指力、速度可靠性，联用性和寿命等。因此，可以说机器人就是具有生物功能的实际空间运行工具，可以代替人类完成一些危险或难以进行的劳作、任务等。